Georg Schönfeld
Marianna Schönfeld

Grundlagen der Mathematik für Schüler in russischer und deutscher Sprache

Основы математики для школьников на русском и немецком языках

Georg Schönfeld
Marianna Schönfeld

Grundlagen der Mathematik für Schüler in russischer und deutscher Sprache

Основы математики для школьников на русском и немецком языках

Impressum

Bibliografische Information der Deutschen Nationalbibliothek:

Die Deutsche Nationalbibliothek verzeichnet diese Publikation in der Deutschen Nationalbibliografie; detaillierte bibliografische Daten sind im Internet über http://dnb.dnb.de abrufbar.

2. korrigierte Auflage

© 2022 Georg Schönfeld, Marianna Schönfeld

Herstellung und Verlag: BoD – Books on Demand, Norderstedt

ISBN: 978-3-7568-0861-8

www.matematika.de / info@matematika.de

Предисловие

У большинства школьников, приехавших в Германию из различных стран бывшего Советского Союза, обучение в школах проходило на русском языке. При продолжении учёбы в немецких школах, у многих возникают дополнительные трудности, связанные со слабым знанием немецкого языка и перерывом в учёбе. В очень короткое время необходимо вспомнить ранее изученный материал на русском языке и выучить соответствующую терминологию на немецком языке.

Данное учебное пособие выходит во втором издании и восполняет этот пробел. Оно предназначено для школьников различных классов. Пособие преследует цель передать важнейшие знания из школьной математики одновременно на русском и немецком языках, что значительно облегчит переход к изучению математики в немецких школах.

Включены основные понятия, определения и теоремы из различных разделов школьного курса математики: арифметики, алгебры, геометрии и анализа. Весь материал компактно сравнивается на русском и немецком языках одновременно. Формулировки основных определений и теорем сопровождается подробными примерами и графиками. В приложении приведены краткие немецко-русский и русско–немецкий школьные словари по математике (по 800 слов).

Пособие поможет школьникам различных классов:
- повторить необходимые знания из школьного курса математики на русском языке
- одновременно изучить соответствующие определения, понятия и теоремы на немецком языке в таком виде как преподают в различных типах немецких школ (Grund-, Haupt- und Realschulen, Gymnasien)
- найти переводы математических терминов и выражений с немецкого языка на русский и наоборот
- быстрее освоить немецкий язык и терминологию на примере математики, что облегчит и ускорит процесс обучения в немецких школах

Мы уверены, что собранный нами материал будет полезным также для тех, кто окончил среднюю школу на русском языке, но собирается продолжить учёбу в немецких вузах. Кроме этого, учебник поможет родителям школьников оказывать помощь своим детям при выполнении домашних заданий.

Надеемся, что данная книга станет вашим добрым помощником в учёбе, и желаем вам успехов!

Георг и Марианна Шенфельд

Карлсруэ, 2022

Vorwort

Für die meisten Schüler, die aus verschiedenen Ländern der ehemaligen Sowojetunion nach Deutschland kommen, war der Unterricht in den Schulen in russischer Sprache. Bei der Fortsetzung der Schulausbildung an den deutschen Schulen, entstehen für viele Schüler zusätzliche Schwierigkeiten, die mit schlechten Kenntnissen der deutschen Sprache und Unterbrechung der Schule verbunden sind. In kürzester Zeit muss der früher in russischer Sprache gelernte Lehrstoff ins Gedächtnis gerufen und die entsprechende Terminologie in deutscher Sprache erlernt werden.

Dieses Lehrbuch erscheint nun in 2. Auflage und füllt diese Lücke aus. Es ist für Schüler aus verschiedenen Klassen geeignet. Es verfolgt das Ziel, die wichtigsten Kenntnisse aus der Schulmathematik gleichzeitig in russischer und deutscher Sprache zu vermitteln, um das Erlernen der Mathematik an deutschen Schulen zu erleichtern.

Die wichtigsten Begriffe, Definitionen und Sätze aus verschiedenen Teilen der Schulmathematik sind enthalten: Arithmetik, Algebra, Geometrie und Analysis. Der ganze Stoff wird kompakt gleichzeitig in russischer und deutscher Sprache gegenübergestellt. Die Formulierungen der wichtigsten Definitionen und Sätze werden von Beispielen und Graphen begleitet. Im Anhang des Lehrmittels befindet sich ein Deutsch-Russisches und ein Russisch-Deutsches mathematisches Wörterbuch für Schüler (je 800 Wörter).

Das Lehrmittel hilft den Schülern aus verschiedenen Klassen:
- die notwendigen Kenntnisse aus der Schulmathematik in russischer Sprache zu wiederholen
- gleichzeitig die entsprechenden Begriffe, Definitionen, und Sätze in deutscher Sprache so zu lernen, wie sie an verschiedenen deutschen Schultypen (Grund-, Haupt- und Realschulen, Gymnasien) unterrichtet werden
- die Übersetzungen der mathematischen Fachwörter und Ausdrücke aus der deutschen in die russische Sprache und umgekehrt zu finden
- die deutsche Sprache und Terminologie am Beispiel der Mathematik schneller zu erlernen, um den Unterrichtprozess an den deutschen Schulen zu erleichtern und zu beschleunigen

Wir sind überzeugt, dass dieses Lehrmittel auch für diejenige hilfreich sein wird, die eine Schulausbildung in russischer Sprache absolviert haben und jetzt ein Studium an den deutschen Hochschulen beginnen möchten. Außerdem hilft das Lehrmittel den Eltern, die ihren Kindern bei den Hausaufgaben helfen wollen.

Wir hoffen, dass dieses Lehrmittel Ihr Helfer beim Lernen sein wird und wünschen Ihnen viel Erfolg!

Georg und Marianna Schönfeld

Karlsruhe, 2022

Содержание

Inhaltsverzeichnis

VII

1 Арифметические действия — Grundrechenarten

1.1 Числа — Zahlen

Основные числа — Grundzahlen

ноль, нуль	null	тридцать	dreißig
один, одна,одно	eins	сорок	vierzig
два, две	zwei	пятьдесят	fünfzig
три	drei	шестьдесят	sechzig
четыре	vier	семьдесят	siebzig
пять	fünf	восемьдесят	achtzig
шесть	sechs	девяносто	neunzig
семь	sieben	сто	hundert
восемь	acht	сто один	hunderteins
девять	neun	двести	zweihundert
десять	zehn	триста	dreihundert
одиннадцать	elf	четыреста	vierhundert
двенадцать	zwölf	пятьсот	fünfhundert
тринадцать	dreizehn	шестьсот	sechshundert
четыренадцать	vierzehn	семьсот	siebenhundert
пятнадцать	fünfzehn	восемьсот	achthundert
шестнадцать	sechzehn	девятьсот	neunhundert
семнадцать	siebzehn	тысяча	tausend
восемнадцать	achtzehn	две тысячи	zweitausend
девятнадцать	neunzehn	три тысячи	dreitausend
двадцать	zwanzig	миллион	eine Million
двадцать один	einundzwanzig	миллиард	eine Milliarde
двадцать два	zweiundzwanzig		

Порядковые числа — Ordnungszahlen

первый	erste	шестой	sechste
второй	zweite	седьмой	siebente
третий	dritte	восьмой	achte
четвёртый	vierte	девятый	neunte
пятый	fünfte	десятый	zehnte

1/2 - одна вторая, половина	ein Halbes, halb
1,5 – полтора	anderthalb
2,5 – два с половинной	zweieinhalb
1/3 – треть	ein Drittel
2/3 – две трети	zwei Drittel
1/4 – четверть	ein Viertel
1/5 – одна пятая (часть)	ein Fünftel
1/6 – одна шестая	ein Sechstel
0,5 – ноль целых пять десятых	null Komma fünf
1,23 – одна целая двадцать три сотых	eins Komma dreiundzwanzig
2,053 – две целых пятьдесят три тысячных	zwei Komma null dreiundfünfzig

1.2 Множества чисел — Zahlenmengen

$N = \{1, 2, 3, ...\}$ — Множество **натуральных** чисел. — Menge der **natürlichen** Zahlen.

$N_0 = \{0, 1, 2, 3, ...\}$ — Множество **натуральных** чисел, включая число нуль. — Menge der **natürlichen** Zahlen, einschließlich der Null.

Множества N или N_0 замкнуты относительно действий сложения и умножения, но не относительно действий вычитания и деления. — Die Mengen N bzw. N_0 sind bezüglich der Addition und der Multiplikation abgeschlossen, nicht aber auf die Subtraktion und die Division.

$Z = \{-2, -1, 0, 1, 2, ...\}$ — Множество **целых** чисел. — Menge der **ganzen** Zahlen.

$Z^- = \{..., -2, -1\}$ — Множество **отрицательных целых** чисел. — Menge der **negativen ganzen** Zahlen.

$Z^+ = \{1, 2, ...\}$ — Множество **положительных целых** чисел. — Menge der **positiven ganzen** Zahlen.

Множество Z целых чисел замкнуто относительно действий сложения, вычитания и умножения, но не относительно действия деления. — Die Menge Z der ganzen Zahlen ist bezüglich der Addition, der Subtraktion und der Multiplikation abgeschlossen, nicht jedoch in Bezug auf die Division.

Q — Множество **рациональных** чисел Q состоит из множества всех положительных и отрицательных целых чисел и дробей (включая нуль). — Die Menge der **rationalen** Zahlen Q ist die Menge aller positiven und negativen ganzen Zahlen und Brüche (einschließlich der Null).

Множество Q рациональных чисел замкнуто относительно всех четырёх арифметических действий. Деление на нуль не определено. — Die Menge Q der rationalen Zahlen ist bezüglich aller vier Grundrechenarten abgeschlossen. Die Division durch Null ist nicht definiert.

R — Множество **действительных** чисел R состоит из множества всех рациональных и иррациональных (бесконечных десятичных непериодических дробей) чисел. — Die Menge der **reellen** Zahlen R ist die Menge der rationalen und irrationalen (nicht periodische unendliche Dezimalbrüche) Zahlen.

1.3 Арифметические действия над натуральными числами

Grundrechenarten mit natürlichen Zahlen

К арифметическим действиям относятся сложение, вычитание, умножение и деление.

Zu den Grundrechenarten zählen die Addition, Subtraktion, Multiplikation und Division.

Сложение

Addition

Математический знак „ **+** " называется **плюс** и обозначает сложение двух или более чисел. Числа, которые складывают-ся, называются **слагаемыми**. Результат сложения называется **сумма**.

Das Operationszeichen „ **+** " heißt **plus** und bedeutet zwei oder mehr Zahlen addieren (zusammenzählen). Die Zahlen, die addiert werden, heißen **Summanden**. Das Ergebnis der Addition heißt **Summe**.

$$5 + 3 = 8$$

1. слагаемое + 2. слагаемое = сумма
1. Summand + 2. Summand = Summe

Вычитание

Subtraktion

Математический знак „ **-** " называется **минус** и обозначает вычитание одного числа из другого. Числа называются **уменьшаемое** и **вычитаемое**. Результат вычитания называется **разность**.

Das Operationszeichen „ **-** " heißt **minus** und bedeutet eine Zahl von der andere Zahl subtrahieren (abziehen). Die Zahlen heißen **Minuend** und **Subtrahend**. Das Ergebnis der Subtraktion heißt **Differenz**.

$$8 - 2 = 6$$

уменьшаемое - вычитаемое = разность
Minuend - Subtrahend = Differenz

Умножение

Multiplikation

Математический знак „ ***** " называется **умножить** и обозначает умножение двух чисел. Числа, которые умножа-ются, называются **множимое и множитель**. Результат умножения называется **произведение**.

Das Operationszeichen „ ***** " heißt **mal** und bedeutet zwei Zahlen multiplizieren (malnehmen). Die Zahlen heißen **Multiplikator** und **Multiplikand** oder **Faktoren**. Das Ergebnis der Multiplikation heißt **Produkt**.

$$4 * 7 = 28$$

множимое * множитель = произведение
Multiplikator mal Multiplikand = Produkt
(Faktor mal Faktor = Produkt)

Деление

Division

Математический знак „ **:** " называется **разделить** и обозначает деление одного числа на другое число. Числа называются **делимое** и **делитель**. Результат деления

Das Operationszeichen „ **:** " heißt **durch** (oder **geteilt**) und bedeutet eine Zahl durch die andere Zahl dividieren. Die Zahlen heißen **Dividend** und **Divisor**. Das Ergebnis der

называется **частное**.

Division heißt **Quotient**.

$$35 : 5 = 7$$

делимое : делитель = частное

Dividend : Divisor = Quotient

Частное двух натуральных или целых чисел является не всегда натуральным или целым числом. Деление является действием обратным умножению и выходит за пределы множества натуральных чисел к обыкновенным или десятичным дробям.

Der Quotient zweier natürlicher oder ganzer Zahlen ist nicht immer eine natürliche oder ganze Zahl. Die Division ist die Umkehrung der Multiplikation und führt aus diesen Zahlenmengen hinaus zu den Brüchen oder Dezimalbrüchen.

Последовательность арифметических действий

Reihenfolge der Rechenoperationen

Из арифметических действий сначала выполняют **умножение** и **деление**, а потом **сложение** и **вычитание**. Сначала выполняют арифметические действия в **скобках**, а потом остальные.

Punktrechnung (* und :, oder **mal** und **geteilt**) geht vor Strichrechnung (+ und -, oder **plus** und **minus**). Was in **Klammern** steht, wird zuerst berechnet.

$$5 + 7 * (4 - 2) = 5 + 7 * 2$$
$$= 5 + 14 = 19$$

Важнейшие признаки деления

Die wichtigsten Divisionsregeln

Число делится на:
2, если последняя цифра 0, 2, 4, 6 или 8;
5, если последняя цифра 0 или 5;
10, если последняя цифра 0;
4, если число из двух последних цифр делится на 4;
25, если число из двух последних цифр делится на 25:
3, если сумма всех цифр числа делится на 3:
9, если сумма всех цифр числа делится на 9.

Eine Zahl ist teilbar durch:
2, wenn die letzte Ziffer 0, 2, 4, 6 oder 8 ist;
5, wenn die letzte Ziffer 0 oder 5 ist;
10, wenn die letzte Ziffer 0 ist;
4, wenn die Zahl aus den beiden letzten Ziffern durch 4 teilbar ist;
25, wenn die Zahl aus den beiden letzten Ziffern durch 25 teilbar ist;
3, wenn ihre Quersumme – Summe aller Ziffern - durch 3 teilbar ist;
9, wenn ihre Quersumme durch 9 teilbar ist.

Простые числа

Primzahlen

Простыми числами называются натуральные числа, которые имеют только два делителя, само число и единица, напр.: 2, 3, 5, 7, 11, 13, ...

Primzahlen sind natürliche Zahlen, die nur durch sich selbst und Eins teilbar sind, z. B.: 2, 3, 5, 7, 11, 13, ...

Любое натуральное число является или простым или составным, которое может быть разложено на простые множители.

Jede natürliche Zahl ist entweder eine Primzahl oder lässt sich durch Faktoren aus Primzahlen darstellen.

$$360 = 2*2*2*3*3*5 = 2^3 *3^2 *5$$

С помощью разложения на простые множители можно определить **наибольший общий делитель (НОД)** и **наименьшее общее кратное (НОК)** чисел.

Durch Primfaktorenzerlegung kann der **größte gemeinsame Teiler (ggT)** und das **kleinste gemeinsame Vielfachen (kgV)** von Zahlen ermittelt werden.

Число, которое является делителем числа **a** и делителем числа **b**, называется **общим делителем** чисел **a** и **b**.

Ein Teiler, der sowohl eine Zahl **a** als auch eine Zahl **b** teilt, nennt man einen **gemeinsamen Teiler** von **a** und **b**.

Среди общих делителей двух чисел **a** и **b** имеется наибольший, который называют **наибольшим общим делителем** чисел **a** и **b** – **НОД(a,b)**.

Unter den gemeinsamen Teiler zweier Zahlen **a** und **b** gibt es einen größten, den man den **größten gemeinsamen Teiler** von **a** und **b** – **ggT(a,b)** nennt.

НОД(a,b) двух чисел **a** и **b** равен произведению всех общих простых множителей, которые встречаются в разложении чисел **a** и **b** на простые множители, взятые с **наименьшим** показателем степени. Если два числа являются взаимно простыми, то **НОД(a,b)** = 1.

Der **ggT(a,b)** von **a** und **b** ist das Produkt aller Primfaktoren, die in der Primfaktorenzerlegung von **a** und von **b** vorkommen und zwar in der **kleinsten** vorkommenden Potenz.
Sind zwei Zahlen teilerfremd, so ist **ggT(a,b)** = 1.

$$48 = 2*2*2*2*3$$
$$60 = 2*2*3*5$$
$$НОД(48, 60) = ggT(48, 60) = 2*2*3 = 12$$

Среди чисел, которые делятся на два числа **a** и **b** имеется наименьшее, которое называют **наименьшим общим кратным** двух чисел **a** и **b** – **НОК(a,b)**.

Unter den gemeinsamen Vielfachen zweier Zahlen **a** und **b** gibt es ein kleinstes, das man das **kleinste gemeinsame Vielfache** von **a** und **b** - **kgV(a,b)** nennt.

НОК(a,b) двух чисел **a** и **b** является произведением всех простых множителей, входящих в разложениях **a** и **b** на простые множители и именно с наивысшим показателем степени.

Das **kgV(a,b)** von **a** und **b** ist das Produkt aller Primfaktoren, die in der Primfaktorenzerlegung von **a** und von **b** vorkommen und zwar in der **höchsten** vorkommenden Potenz.

$$240 = 2*2*2*2*3*5 = 2^4*3*5$$
$$32 = 2*2*2*2*2 = 2^5$$
$$НОД(32, 240) = ggT(32,240) = 2^4 = 16$$
$$НОК(32, 240) = kgV(32, 240) =$$
$$2^5*3*5 = 480$$

Для любых двух натуральных чисел **a** и **b** справедливо равенство:

Für zwei beliebige natürliche Zahlen **a** und **b** gilt:

$$НОД(a,b) * НОК(a,b) = a* b$$

$$kgV(a,b) * ggT(a,b) = a*b$$

Переместительный закон сложения

Kommutativgesetz der Addition

От перестановки мест слагаемых значение суммы не изменяется.

Die Anordnung der Summanden einer Addition ändert die Summe nicht.

$$a + b = b + a$$

Сочетательный закон сложения

Assoziativgesetz der Addition

Значение суммы не изменится, если какую-либо группу слагаемых заменить их суммой.

In einer Summe darf man die Summanden beliebig durch Klammern zusammenfassen. Das Ergebnis – Summe ändert sich nicht.

$$(a + b) + c = a + (b + c)$$

Переместительный закон умножения

Kommutativgesetz der Multiplikation

От перестановки мест множителей значение произведения не изменяется.

Die Anordnung der Faktoren ändert das Ergebnis – Produkt nicht.

$$a * b = b * a$$

Сочетательный закон умножения

Assoziativgesetz der Multiplikation

Значение произведения не изменится, если какую-либо группу множителей заменить их произведением.

Das Ergebnis ändert sich nicht, wenn man zuerst zwei Faktoren miteinander multipliziert und dann das Produkt mit dem dritten Faktor multipliziert.

$$(a * b) * c = a * (b * c)$$

Распределительный закон умножения

Distributivgesetz der Multiplikation

Чтобы умножить сумму на число, достаточно умножить каждое слагаемое на это число и сложить полученные произведения.

Eine Summe wird mit einem Faktor multipliziert, indem man jeden Summanden mit dem Faktor multipliziert und die Produkte addiert.

$$(a + b) * c = a * c + b * c$$

Умножение сумм

Produkt von Summen

Чтобы умножить две суммы между собой, достаточно умножить каждое слагаемое первой суммы на каждое слагаемое второй суммы и сложить полученные произведения.

Zwei Summen werden multipliziert, indem man jeden Summanden der ersten Summe mit allen Summanden der zweiten Summe multipliziert und die Teilprodukte addiert.

$$(a + b) * (u + v) = a*u + a*v + b*u + b*v$$

$$(5 + x) * (2x + 3) = 5*2x + 5*3 + x*2x + x*3$$
$$= 10x + 15 + 2x^2 + 3x$$
$$= 2x^2 + 13x + 15$$

1.4 Арифметические действия над целыми числами

При написании положительные и отрицательные числа отличаются **знаком** числа. Мы говорим: -5 имеет **отрицательный знак**; +5 имеет **положительный знак**.

Множество **целых чисел** замкнуто относительно арифметических действий **сложения, вычитания** и **умножения**, но не относительно действия **деления**.

При этом для любых целых чисел a, b∈Z справедливы **правила знаков**:

$$+(+a) = a$$
$$-(-a) = a$$
$$-(+a) = -a$$
$$+(-a) = -a$$

Сложение

При сложении целых чисел с одинаковыми знаками нужно сложить абсолютные значения чисел и приписать к сумме общий знак.

$$(-6) + (-5) = -(6 + 5) = -11$$
$$(+6) + (+3) = +(6 + 3) = +9$$

При сложении целых чисел с разными знаками нужно их абсолютные значения чисел вычесть и приписать к разности знак числа с наибольшим абсолютным значением.

$$(+3) + (-7) = -(7 - 3) = -4$$
$$(-2) + (+5) = +(5 - 2) = +3$$

Вычитание

При вычитании целых чисел нужно уменьшаемое число сложить с вычитаемым числом, взятым с противоположным знаком, и затем применять правила сложения целых чисел.

$$(+8) - (+2) = (+8) + (-2) = +6$$
$$(-3) - (-7) = (-3) + (+7) = +4$$

Grundrechenarten mit ganzen Zahlen

Beim Schreiben unterscheiden wir positive und negative Zahlen durch ein **Vorzeichen**. Wir sagen: -5 hat ein **negatives Vorzeichen**; +5 hat ein **positives Vorzeichen**.

Die Menge der **ganzen Zahlen** ist abgeschlossen gegenüber den Operationen der **Addition, Subtraktion** und **Multiplikation**, nicht jedoch in Bezug auf die **Division**.

Dabei gelten für beliebige ganze Zahlen a, b∈Z die **Vorzeichenregeln**:

$$(+a) * (+b) = a*b$$
$$(-a) * (-b) = a*b$$
$$(-a) * (+b) = -a*b$$
$$(+a) * (-b) = -a*b$$

Addition

Ganze Zahlen mit gleichen Vorzeichen werden addiert, indem man ihre Beträge addiert und der Summe das gemeinsame Vorzeichen gibt.

Ganze Zahlen mit verschiedenen Vorzeichen werden addiert, indem man ihre Beträge subtrahiert und der Differenz das Vorzeichen der Zahl mit dem größeren Betrag gibt.

Subtraktion

Ganze Zahlen werden subtrahiert, indem man die Gegenzahl addiert und dann nach den Regeln der Addition vorgeht.

Умножение

При умножении целых чисел с **одинако-выми** знаками произведение будет **положительным**.
При умножении целых чисел с **разными** знаками произведение будет **отрицательным**.

Multiplikation

Multipliziert man ganze Zahlen mit **gleichen** Vorzeichen, so ist das Produkt **positiv**.
Multipliziert man ganze Zahlen mit **verschiedenen** Vorzeichen, so ist das Produkt **negativ**.

$$(-3) * (-4) = + 3*4 = 12$$
$$(+5) * (+8) = + 5*8 = 40$$
$$(-5) * (+4) = - 5*4 = -20$$
$$(+6) * (-7) = - 6*7 = -42$$

$$(4 - 2x) * (-3)$$
$$= (+4) * (-3) + (-2x) * (-3)$$
$$= -12 + 6x$$
$$= 6(x-2)$$

Деление

При делении целых чисел с **одинако-выми** знаками частное будет **положительным**.
При делении целых чисел с **разными** знаками частное будет **отрицательным**.

Division

Dividiert man ganze Zahlen mit **gleichen** Vorzeichen, so ist der Quotient **positiv**.
Dividiert man ganze Zahlen mit **verschiedenen** Vorzeichen, so ist der Quotient **negativ**.

$$(+10) : (+5) = 2$$
$$(-10) : (-5) = 2$$
$$(+10) : (-2) = -5$$
$$(-10) : (+2) = -5$$

Деление во множестве целых чисел не всегда может быть проведено. Так уравнение 4*x = -12 имеет решение x = -3∈Z, а уравнение 4*x = 5 не имеет в Z решения (нет целого числа x удовлетво-ряющего уравнению 4*x = 5).

Die **Division** ist in der Menge der ganzen Zahlen nicht uneingeschränkt durchführbar. So besitzt die Gleichung 4*x = -12 die Lösung x = -3∈Z, die Gleichung 4*x = 5 hat jedoch in Z keine Lösung (es gibt keine ganze Zahl x mit 4*x = 5).

1.5 Арифметические действия над обыкновенными дробями

Grundrechenarten mit Bruchzahlen

Множество всех дробей называется **множеством рациональных чисел** и обозначается через **Q**

Die Menge aller Brüche heißt die **Menge der rationalen Zahlen (Quotienten)** und wird mit **Q** bezeichnet

$$Q = \{\frac{p}{q} \mid p,q \in Z; \ q \neq 0\}$$

Множество рациональных чисел замкнуто относительно действий **сложения**, **вычитания**, **умножения** и **деления**, при этом делить на нуль нельзя.

Die Menge der **rationalen Zahlen** ist abgeschlossen gegenüber den Operationen der **Addition**, **Subtraktion**, **Multiplikation** und **Division**, wobei nicht durch **0** dividiert werden darf.

Некоторые понятия о дробях:

Einige Ausdrücke von Brüchen:

Числитель: число, стоящее над дробной чертой.

Zähler: die Zahl über dem Bruchstrich.

Знаменатель: число, стоящее под дробной чертой.

Nenner: die Zahl unter dem Bruchstrich.

Правильная дробь: дробь, в которой числитель меньше знаменателя.

Echter Bruch: ein Bruch, dessen Zähler kleiner als der Nenner ist.

Неправильная дробь: дробь, в которой числитель больше знаменателя или равен ему.

Unechter Bruch: ein Bruch, dessen Zähler größer als der Nenner oder gleich ist.

Смешанное число: представление неправильной дроби в виде числа, состоящего из целой и дробной частей. Всякое смешанное число можно записать в виде неправильной дроби.

Gemischte Zahl: die Darstellung eines unechten Bruches durch eine ganze Zahl und einen Bruch. Eine gemischte Zahl kann man in einem unechten Bruch darstellen.

$$4\frac{1}{3} = 4 + \frac{1}{3} = \frac{4*3 + 1}{3} = \frac{13}{3}$$

Дробь равная $1 : n = \frac{1}{n}$ называется **числом обратным** для натурального числа **n**. Число **0** не имеет обратного числа, так как деление на **0** не разрешено.

Die Bruchzahl $1 : n = \frac{1}{n}$ nennt man die **Kehrzahl** der natürlichen Zahl **n**. Die Zahl **0** hat keine Kehrzahl, weil man durch **0** nicht dividieren kann.

Дроби с одинаковыми знаменателями.

Среди двух дробей с **одинаковыми числителями** та дробь меньше у которой знаменатель больше. Кратко для дробей с **одинаковыми числителями** справедливо: чем больше знаменатель, тем меньше значение дроби.

Gleichnamige Brüche: Brüche mit gleichen Nennern.

Von zwei Brüchen mit **gleichem Zähler** bezeichnet derjenige die kleinere Bruchzahl, der den größeren Nenner hat. Kurz bei **Zählergleichheit** gilt: Je größer der Nenner, desto kleiner der Wert des Bruches.

$$\frac{4}{5} > \frac{4}{7} \qquad \frac{2}{3} > \frac{2}{5}$$

Среди двух дробей с **одинаковыми знаменателями** та дробь меньше у которой числитель меньше.
Кратко для дробей с **одинаковыми знаменателями** справедливо: чем больше числитель, тем больше значение дроби.

Von zwei Brüchen mit **gleichem Nenner** bezeichnet derjenige die kleinere Bruchzahl, der den kleineren Zähler hat.
Kurz bei **gleichnamigen Brüchen** gilt: Je größer der Zähler, desto größer der Wert des Bruches.

$$\frac{3}{5} < \frac{4}{5} \qquad \frac{1}{3} < \frac{2}{3}$$

Чтобы можно было сравнивать произвольные дроби, необходимо их с помощью **расширения** или **сокращения** привести к дробям с одинаковыми знаменателями.

Um **beliebige Brüche** zu vergleichen, machen wir sie durch **Erweitern** oder **Kürzen** nennergleich.

Расширить дробь, означает умножить её числитель и знаменатель на одно и то же число. При этом значение полученной дроби не меняется.

Man **erweitert** einen Bruch, indem man Zähler und Nenner mit der gleichen Zahl multipliziert. Durch die Erweiterung ändert sich der Wert des Bruches nicht.

$$\frac{a}{b} = \frac{a*m}{b*m} \qquad \frac{2}{3} = \frac{2*5}{3*5} = \frac{10}{15}$$

Сократить дробь, означает разделить её числитель и знаменатель на одно и то же число. При этом значение полученной дроби не меняется.

Man **kürzt** einen Bruch, indem man Zähler und Nenner durch die gleiche Zahl dividiert. Durch das Kürzen ändert sich der Wert des Bruches nicht.

$$\frac{a}{b} = \frac{a:m}{b:m} \qquad \frac{6}{8} = \frac{6:2}{8:2} = \frac{3}{4}$$

Сложение и вычитание

Addition und Subtraktion

Чтобы сложить (или вычесть) дроби с **одинаковыми знаменателями**, нужно к числителю первой дроби прибавить (или вычесть) числитель второй дроби и знаменатель оставить тот же. Если это возможно, то значение дроби сокращают.

Gleichnamige Brüche werden addiert (oder subtrahiert), indem man die Zähler unter Beibehaltung des Nenners addiert (oder subtrahiert). Wenn das möglich ist, kürzt man den Wert des Bruches.

$$\frac{a}{c} + \frac{b}{c} = \frac{a + b}{c}$$
$$\frac{a}{c} - \frac{b}{c} = \frac{a - b}{c} \quad (c \neq 0)$$

$$\frac{1}{4} + \frac{2}{4} = \frac{1 + 2}{4} = \frac{3}{4}$$
$$\frac{4}{5} - \frac{1}{5} = \frac{4 - 1}{5} = \frac{3}{5}$$

Если **знаменатели дробей различны**, то сначала дроби приводят к общему

Ungleichnamige Brüche werden addiert oder subtrahiert, indem man sie gleichnamig

знаменателю, а затем применяют правило сложения и вычитания дробей с одинаковыми знаменателями.

macht (auf einen gemeinsamen Nenner bringt) und dann wie gleichnamige Brüche addiert oder subtrahiert.

$$\frac{a}{c} + \frac{b}{d} = \frac{a*d + b*c}{c*d}$$

$$\frac{a}{c} - \frac{b}{d} = \frac{a*d - b*c}{c*d} \quad (c,d \neq 0)$$

$$\frac{2}{3} + \frac{4}{5} = \frac{2*5 + 4*3}{3*5}$$

$$= \frac{10 + 12}{15} = \frac{22}{15} = 1\frac{7}{15}$$

c*d — называется **общим знаменателем** / heißt **Hauptnenner**

Чтобы числители, с которыми придётся производить расчёты, были меньше, необходимо в качестве общего знаменателя выбирать **наименьшее общее кратное** (**НОК**) знаменателей данных дробей.

Um die Zähler, mit denen man rechnen muß, möglich klein zu halten, wählt man als Hauptnenner das **kleinste gemeinsame Vielfache** (**kgV**) der Einzelnenner.

Чтобы привести дроби к **наименьшему общему знаменателю**, нужно:

Um die Brüche zum **kleinsten Hauptnenner** bringen, muss man:

1)найти НОК знаменателей дробей;
2)вычислить дополнительные множители, разделив НОК на каждый знаменатель;
3)умножить числитель и знаменатель каждой дроби на соответствующий дополнительный множитель.

1)das kgV der Einzelnenner bestimmen;
2)die jeweilige Erweiterungsfaktoren berechnen, indem man den Hauptnenner durch die Einzelnenner dividiert;
3)Zähler und Nenner einzelnen Brüchen mit Erweiterungsfaktoren multiplizieren.

$$\frac{3}{8} + \frac{5}{12} = \frac{3*3 + 5*2}{24}$$

$$= \frac{9 + 10}{24} = \frac{19}{24}$$

НОК (8,12) = kgV(8,12) = 2*2*2*3 = 24

При вычитании **смешанных** чисел, разлагают их на целые и дробные числа и вычитание производят раздельно для целых чисел и для дробных частей.

Bei der Subtraktion von **gemischten Brüchen** zerlegt man sie in natürliche Zahlen und Brüche und subtrahiert getrennt die natürlichen Zahlen und die Brüchen.

$$9\frac{7}{8} - 4\frac{5}{12} = 9 + \frac{7}{8} - 4 - \frac{5}{12}$$

$$= 5 + \frac{7*3 - 5*2}{24} = 5 + \frac{11}{24} = 5\frac{11}{24}$$

Умножение и деление

Multiplikation und Division

При **умножении** обыкновенных **дробей** перемножают отдельно числители и отдельно знаменатели. Одинаковые сомножители в числителе и знаменателе

Brüche werden **multipliziert**, indem man Zähler mit Zähler und Nenner mit Nenner multipliziert. Gleiche Faktoren beim Zähler und Nenner dürfen gekürzt werden.

можно сократить.

Кратко: произведение числителей разделить на произведение знаменателей.

Kurz: Zähler mal Zähler durch Nenner mal Nenner.

$$\frac{a}{b} * \frac{c}{d} = \frac{a*c}{b*d}$$

$$\frac{2}{3} * \frac{4}{5} = \frac{2*4}{3*5} = \frac{8}{15}$$

Для **умножения смешанных** чисел, нужно сначала превратить их в неправильные дроби, а затем применять правила умножения дробей.

Gemischte Zahlen werden **multipliziert**, indem man sie zunächst in unechte Brüche verwandelt und diese dann miteinander multipliziert.

$$1\frac{2}{5} * 2\frac{1}{7} = \frac{7}{5} * \frac{15}{7} = \frac{7*15}{5*7} = \frac{15}{5} = 3$$

При **делении** обыкновенных **дробей** первую дробь – делимое умножают на обратную величину второй дроби – делителя.

Brüche werden **dividiert**, indem man den ersten Bruch mit dem Kehrwert des zweiten Bruches multipliziert.

$$\frac{a}{c} : \frac{b}{d} = \frac{a}{c} * \frac{d}{b} = \frac{a*d}{c*b}$$

$$\frac{2}{3} : \frac{4}{5} = \frac{2}{3} * \frac{5}{4} = \frac{2*5}{3*4}$$

Для **делении смешанных** чисел, нужно сначала превратить их в неправильные дроби, а затем применять правила деления дробей.

Gemischte Zahlen werden **dividiert**, indem man sie zunächst in unechte Brüche verwandelt und dann gemäß der Divisionsregeln für Brüche vorgeht.

$$2\frac{3}{4} : 3\frac{1}{2} = \frac{2*4+3}{4} : \frac{3*2+1}{2}$$

$$= \frac{11}{4} : \frac{7}{2} = \frac{11}{4} * \frac{2}{7} = \frac{11*2}{4*7} = \frac{11}{14}$$

Правило знаков

Vorzeichenregeln

$$\frac{+a}{+b} = \frac{a}{b}$$

$$\frac{-a}{-b} = \frac{a}{b}$$

$$\frac{-a}{+b} = -\frac{a}{b}$$

$$\frac{+a}{-b} = -\frac{a}{b}, \quad b \neq 0$$

Если число множителей с отрицательными знаками чётное (нечётное), то значение произведения положительно (отрицательно).

Ist die Anzahl der Faktoren mit negativem Vorzeichen gerade (ungerade), so ist das Produkt positiv (negativ).

$$(-\frac{2}{3}) * (-\frac{4}{5}) = \frac{8}{15}$$

$$(-\frac{2}{5}) * (\frac{7}{2}) * (-\frac{4}{9}) * (-\frac{5}{8}) = -\frac{7}{18}$$

1.6 Арифметические действия над десятичными дробями

Grundrechenarten mit Dezimalbrüchen

Обыкновенную дробь, знаменатель которой равен 10, 100, 1000 и т. д., называют десятичной дробью. В записи десятичной дроби 1ый (2ой, 3ий, ...) разряд после запятой обозначает десятые (сотые, тысячные, ...). Цифры после запятой называются **десятичной частью** дроби.

Bruch, dessen Nenner 10, 100, 1000, ... ist, heißt Dezimalbruch.
Bei der Dezimalschreibweise bedeutet die 1. (2., 3., ...) Stelle hinter dem Komma Zehntel (Hundertstel, Tausendstel, ...). Ziffern hinter dem Komma heißen **Dezimalen**.

$$\frac{3}{10} = 0,3 \qquad \frac{48}{100} = 0,48 \qquad 3\frac{17}{100} = 3,17$$

Сложение

Addition

При сложении десятичных дробей надо записать их одну под другой так, чтобы одинаковые разряды были друг под другом, а запятая – под запятой, и добавить столько нулей сколько нужно. После этого производят сложение по разрядам справа налево. Если сумма чисел в разрядах больше десяти, то значение десяток переносят в предыдущий разряд.

Beim Addieren von Dezimalbrüchen schreiben wir diese zunächst so auf, das Komma unter Komma steht und dabei auch so viele Nullen anhängen, wie man braucht.

Dann addieren wir stellenweise von rechts nach links. Der Übertrag wird zum vorderen Stellenwert hinzugefügt.

$$15,7 + 0,2 + 6,752 + 0,05 = \begin{array}{r} 15,700 \\ + \ 0,200 \\ + \ 6,752 \\ + \ 0,050 \\ \hline 22,702 \end{array}$$

Вычитание

Subtraktion

При вычитании десятичных дробей надо записать их одну под другой так, чтобы **одинаковые разряды** были друг под другом, а запятая – под запятой, и добавить столько нулей сколько нужно. После этого производят вычитание по разрядам справа налево. Если в разрядах уменьшаемое меньше вычитаемого, то его увеличивают на 10 и **переносят** единицу к предыдущего разряду вычитаемого.

Bei Subtraktion werden die Zahlen **stellengerecht** untereinander geschrieben und gegebenenfalls Nullen hinzugefügt. Dann subtrahiert man von hinten nach vorne die untere Stelle von der oberen Stelle. Ist die untere Stelle größer als die obere, so zählt man zu der oberen Stelle 10 dazu und einen **Übertrag** zur unteren vorderen Stelle.

$$12,41 - 3,65 = \begin{array}{r} 12,41 \\ - \ 3,65 \\ \hline 8,76 \end{array}$$

$$11 - 5 = 6 \qquad \text{Übertrag 1}$$
$$14 - (6+1) = 7 \qquad \text{Übertrag 1}$$
$$12 - (3+1) = 8$$

Если от некоторого числа, отнимают

Werden von einer Zahl mehrere Dezimalbrü-

несколько десятичных дробей, то для упрощения можно вначале вычитаемые дроби сложить и результат вычесть из уменьшаемого числа.

che abgezogen, so kann man die Rechnung vereinfachen, indem man zunächst die abzuziehenden Dezimalzahlen addiert und anschließend das Ergebnis von der Zahl subtrahieren.

$$23 - 3,05 - 10,2$$
$$= 23 - (3,05 + 10,2)$$
$$= 23 - 13,25 = 9,75$$

Умножение

Multiplikation

При **умножении** десятичной дроби на 10 (100; 1000; ...) достаточно перенести запятую **вправо** на 1 (2; 3; ...) разряд(ов).

Ein Dezimalbruch wird mit 10 (100; 1000; ...) **multipliziert**, indem man das Komma um 1 (2; 3; ...) Stelle(n) **nach rechts** rückt.

$$1,23 * 10 = 12,3$$
$$1,23 * 100 = 123$$
$$1,23 * 1000 = 1230$$

При умножении десятичных дробей достаточно перемножить заданные числа, не обращая внимания на запятые, а затем в результате справа отделить запятой столько цифр, сколько их стоит после запятой в обоих множителях суммарно.

Dezimalbrüchen werden **multipliziert**, indem man zunächst ohne Rücksicht auf Komma multipliziert und danach dem Ergebnis so viele Dezimalen (Nachkommastellen) gibt wie die einzelnen Faktoren zusammen haben.

$$23,451 * 2,75 = 64,49025$$
Десятичных знаков/Dezimalen: 3 + 2 = 5 Nachkommastellen

Деление

Division

При **делении** десятичной дроби на 10 (100; 1000; ...) достаточно перенести запятую **влево** на 1 (2; 3; ...) разряд(ов).

Ein Dezimalbruch wird durch 10 (100; 1000; ...) **dividiert**, indem man das Komma um 1 (2; 3; ...) Stelle(n) **nach links** rückt.

$$12,3 : 10 = 1,23$$
$$12,3 : 100 = 0,123$$
$$12,3 : 1000 = 0,0123$$

При делении десятичной дроби на **натуральное число,** запятую в частном ставят после того, как закончено деление целой части.

Bei Division durch eine **natürliche Zahl** wird bei der Überschreitung des Kommas der zu teilenden Dezimalzahl gleichzeitig das Komma beim Ergebnis gesetzt.

```
45,2 : 4 = 11,3
- 4
  5
- 4
 12
-12
  0
```

```
22,66 : 11 = 2,06
- 22
  66
- 66
   0
```

При делении десятичной дроби на **десятичную дробь,** нужно в делимом и в делителе **перенести запятую** вправо на столько цифр, сколько их имеется после запятой в делителе, а потом использовать правила деления десятичной дроби на натуральное число.

Bei Division durch einen **Dezimalbruch** wird zunächst mittels einer **gleichsinnigen Kommaverschiebung** nach rechts zu einer Division durch eine natürliche Zahl hergestellt.

$$1,96 : 0,014 = 1960 : 14 = 140$$
$$0,364 : 0,08 = 36,4 : 8 = 4,55$$

Чтобы обыкновенную дробь $\frac{a}{b}$ записать в виде десятичной дроби, нужно **a** разделить на **b** по правилам деления десятичных дробей.

Um die Dezimalbruchdarstellung einer Bruchzahl $\frac{a}{b}$ zu kommen, dividieren wir **a** durch **b** nach der Divisionsregel für Dezimalbrüche.

$$\frac{5}{8} = 5,0 : 8 = 0,625$$

```
 -48
 ____
  20
 -16
 ____
  40
 -40
 ____
   0
```

$$\frac{57}{40} = 57 : 40 = 1,425$$

```
 -40
 ____
 170
-160
 ____
 100
 -80
 ____
 200
-200
 ____
   0
```

Любую обыкновенную дробь $\frac{a}{b}$ можно записать в виде **конечной** десятичной дроби, или бесконечной **периодической** дроби.

$$\frac{5}{4} = 1,25$$

Jeder Bruch $\frac{a}{b}$ lässt sich entweder als **abbrechender** oder als **periodischer** Dezimalbruch schreiben.

$$\frac{5}{11} = 0,454545... = 0,(\overline{45})$$

1.7 Арифметические действия над действительными числами

Grundrechenarten mit reellen Zahlen

Если в алгебраическом выражении используются различные арифметические действия, то **последовательность** вычислений производится вначале в **скобках**.

Falls in einem algebraischen Ausdruck mehrere Grundrechenarten benutzt werden, wird die **Reihenfolge** der Berechnung durch **Klammern** vorgeschrieben.

Если одно слагаемое заключено в скобки перед которой стоит знак +, то **скобки можно опустить** без изменения знаков в скобке. Если опустить скобки перед которой стоит знак -, то необходимо в скобке изменить все знаки на противоположные.

Besteht ein Summand aus einer Klammer, vor der ein + Zeichen steht, so darf die **Klammer** ohne Vorzeichenänderung in der Klammer **weggelassen werden**. Lässt man die Klammer nach einem − Zeichen weg, so müssen alle Vorzeichen in der Klammer umgedreht werden.

$$a + (b + c - d) = a + b + c - d$$
$$a - (b + c - d) = a - b - c + d$$

Чтобы **умножить число** на сумму, заключённую в скобки, необходимо число умножить на каждое слагаемое с учётом знаков и полученные произведения с учётом полученных знаков сложить.

Eine **Zahl** wird mit einer in einer **Klammer** stehenden Summe **multipliziert**, indem diese Zahl unter Beachtung der Vorzeichenregeln mit jedem Summanden multipliziert wird und die entsprechenden Produkte mit dem entsprechenden Vorzeichen aufaddiert werden.

$$B * (c - 2d) = bc - 2bd$$
$$(2a - 0{,}5b) * (-3) = -6a + 1{,}5b$$

Чтобы **умножить две** суммы, заключённые в скобки, необходимо с учётом знаков каждое слагаемое одной скобки перемножить с каждым слагаемым другой скобки и полученные произведения с учётом полученных знаков сложить.

Zwei in **Klammern** stehende Summen werden **miteinander multipliziert**, indem unter Beachtung der Vorzeichenregeln jedes Glied der einen Klammer mit jedem Glied der anderen Klammer multipliziert wird und die erhaltenen Produkte aufaddiert werden.

$$(a + b) * (c + d) = ac + ad + bc + bd$$
$$(a + b) * (c - d) = ac - ad + bc - bd$$
$$(a - b) * (c + d) = ac + ad - bc - bd$$
$$(a - b) * (c - d) = ac - ad - bc + bd$$

Чтобы **сумму** слагаемых **разделить** на число, необходимо с учётом знаков разделить каждое слагаемое на это число и полученные значения частных сложить.

Eine **Summe** wird durch eine Zahl **dividiert**, indem unter Beachtung der Vorzeichenregeln jeder Summand durch diese Zahl dividiert wird und die erhaltenen Quotienten aufaddiert werden.

$$(a + b - c){:}d = a{:}d + b{:}d - c{:}d$$

1.8 Степени и корни

Potenzen und Wurzeln

n – ной **степенью** a^n числа **a** называется произведение **n** множителей, каждый из которых равен **a.** Число **a** называется **основанием** степени, а число **n** - **показателем** степени.

Die n-te **Potenz** a^n der Zahl **a** ist das **n**-fache Produkt der Zahl **a** mit sich selbst. Die Zahl **a** heißt **Basis** (Grundzahl) und die Zahl **n- Exponent** (Hochzahl).

$$a^n = a*a*a*...*a*a \text{ (n множителей/n Faktoren)}$$

Арифметические действия со степенями называется **возведением в степень.** Следует различать чётные и нечётные степени.
В общем случае называют:
a^{2n} – **чётная** степень;
a^{2n-1} – **нечётная** степень.

Das Berechnen von Potenzen heißt „**Potenzieren**".
Man unterscheidet zwischen geraden und ungeraden Potenzen.
Allgemein gilt:
a^{2n} – **gerade** Potenzen;
a^{2n-1} – **ungerade** Potenzen.

Особенное значение имеют степени с основанием 10.

Eine besondere Bedeutung haben die Zehnerpotenzen (Potenzen mit der Basis 10).

$$10^1 = 10, \quad 10^2 = 100, \quad 10^3 = 1000,$$
$$10^4 = 10000, ... , 10^6 = 1 \text{ Million}$$

Показатель степени определяет знак числа. Степени с положительным основанием принимают всегда положительное значение.

Der **Exponent** gibt an, ob das Vorzeichen von Potenzwerten positiv oder negativ ist. Potenzen mit positiver Basis haben immer einen positiver Potenzwert.

Если основание степени отрицательно, то при **чётном** показателе значение степени **положительно**, а при **нечётном** показателе – **отрицательно**.

Ist bei Potenzen mit negativer Basis der Exponent **n** eine **gerade** Zahl, so ergibt sich ein **positiver** Potenzwert, bei **ungeraden** Zahlen ein **negativer** Potenzwert.

$$(+1)^n = +1$$
$$(-1)^{2n} = +1$$
$$(-1)^{2n-1} = -1$$

$$(-2)^4 = (-2) * (-2) * (-2) * (-2) = 16$$
$$(-2)^3 = (-2) * (-2) * (-2) = -8$$

При **возведении в степень** произведения необходимо каждый множитель возвести в степень и полученные степени перемножить.

Ein Produkt wird **potenziert**, indem man jeden Faktor mit dem Exponenten potenziert und die erhaltenen Potenzen multipliziert.

$$(2ab)^3 = 2^3*a^3*b^3* = 8a^3b^3$$

При **возведении в степень** дроби необходимо числитель и знаменатель возвести в степень и полученные степени разделить.

Brüche werden **potenziert**, indem man Zähler und Nenner mit dem Exponenten potenziert und die erhaltenen Potenzen dividiert.

$$\left(\frac{a}{b}\right)^n = \frac{a^n}{b^n}$$

При умножении (делении) степеней с **одинаковыми основаниями** показатели складываются (вычитаются), а основание остаётся прежним.

Potenzen mit **gleicher Basis** werden multipliziert (dividiert), indem ihre Exponenten addiert (subtrahiert) werden.

$$a^n * a^m = a^{n+m}$$
$$a^n : a^m = a^{n-m}$$

$$(-3)^2 * (-3)^3 = (-3)^{2+3} = (-3)^5 = -243$$
$$(-2)^4 : (-2)^2 = (-2)^{4-2} = (-2)^2 = 4$$

При умножении (делении) степеней с **одинаковыми показателями** основания перемножаются (делятся), а показатель остаётся прежним.

Potenzen mit **gleichem Exponenten** werden multipliziert (dividiert), indem ihre Basen multipliziert (dividiert) werden.

$$a^n * b^n = (ab)^n$$
$$a^n : b^n = (a:b)^n = \left(\frac{a}{b}\right)^n$$

$$(+3)^2 * (-5)^2 = (-15)^2 = 225$$
$$(-3)^2 : (4)^2 = \left(\frac{-3}{4}\right)^2 = \frac{9}{16}$$

При **возведении** степени **в степень** показатели степеней перемножаются, а основание остаётся прежним.

Potenzen werden **potenziert**, indem die Exponenten multipliziert werden und die Basis beibehalten wird.

$$(a^n)^m = a^{n*m} = a^{m*n} = (a^m)^n$$

$$(2^2)^3 = 2^{2*3} = 2^{3*2} = 2^6 = 64$$

Степени с **отрицательным показателем** равны обратной величине степени с **положительным показателем**.

Potenzen mit **negativen Exponenten** haben den gleichen Potenzwert wie die Kehrwerte mit **positiven Exponenten.**

$$a^{-n} = \frac{1}{a^n}, \quad a \neq 0$$

$$3^{-2} = \frac{1}{3^2} = \frac{1}{9}$$

Все степени с нулевым показателем имеют значение степени равное 1.

Alle Potenzen mit dem Exponenten Null haben den Potenzwert 1.

$$a^0 = 1$$

Формулы сокращённого умножения:

Potenzieren von Summen (die binomischen Formeln):

$$(a + b)^2 = a^2 + 2ab + b^2$$
$$(a - b)^2 = a^2 - 2ab + b^2$$
$$(a + b) * (a - b) = a^2 - b^2$$

Если $a \geq 0$ и выполняется равенство

$b^n = a$, то число $b = \sqrt[n]{a}$ называется **арифметическим корнем n-й** степени из числа **a**. Число **a** называется

Falls $a \geq 0$ und $b^n = a$ gilt, ist $b = \sqrt[n]{a}$ die n-te **Wurzel** aus **a**.

Dabei heißt **a** der **Radikand** und **n** der

подкоренным числом, n – показателем корня.
Корнем n-й степени из числа **a** называется число, n-я степень которого равна **a**.

Извлечение корня является обратным действием возведения в степень.
Если n=2, то говорят **квадратный** корень, а если n=3, то говорят **кубичный** корень.

При чётном показателе корня подкоренное число **a** из области определения R не должно быть отрицательным.

С помощью определения

Wurzelexponent (Wurzelhochzahl).

Die n-te Wurzel aus **a** ist also die Zahl, deren n-te Potenz gleich **a** ist.

Das **Radizieren** oder **Wurzelziehen** ist die Umkehrung der Potenzrechnung.
Die zweite Wurzel ist die **Quadratwurzel** und die dritte Wurzel ist die **Kubikwurzel**.

Bei geradzahligen Wurzelexponenten **n** darf der Radikand **a** in der Grundmenge R nicht negativ sein.

Mit der Definition

$$a^{\frac{1}{n}} = \sqrt[n]{a} \quad \text{für } a \geq 0$$

$$a^{-\frac{1}{n}} = \frac{1}{\sqrt[n]{a}} \quad \text{für } a > 0$$

можно n-й корень представить в виде степени с показателем $\frac{1}{n}$.

kann die n-te Wurzel als Potenz mit dem Exponenten $\frac{1}{n}$ dargestellt werden.

Корень n-й степени из m-й степени действительных чисел есть опять действительное число.
Чтобы извлечь n-й корень из m-й степени числа необходимо показатель степени разделить на показатель корня n.

Die n-ten Wurzeln aus m-ten Potenzen reellen Zahlen sind wieder reelle Zahlen.
Die n-te Wurzel aus einer m-ten Potenz wird gezogen, indem man den Exponenten der Potenz durch n teilt.

$$\sqrt[n]{a^m} = a^{\frac{m}{n}}$$
$$(\sqrt{a})^2 = a, \ a \in R_0^+; \quad \sqrt{a^2} = |a|, \ a \in R$$

$$\sqrt[3]{125} = \sqrt[3]{5^3} = 5^{\frac{3}{3}} = 5^1 = 5$$

Сложение (вычитание) корней возможно лишь в случае, если корни имеют **одинаковые показатели** и **одинаковые подкоренные числа**.

Nach dem Distributivgesetz kann man Wurzeln nur addieren (subtrahieren), wenn der **Wurzelexponent** sowie der **Radikand** bei allen Wurzeln **übereinstimmen**.

$$x\sqrt[n]{a} \pm y\sqrt[n]{a} = (x \pm y)\sqrt[n]{a}$$

При умножении (делении) корней с **одинаковыми показателями** необходимо перемножить (разделить) подкоренные числа, а показатель оставить прежним.

Wurzeln mit **gleichen Wurzelexponenten** werden multipliziert (dividiert), indem die Radikanden multipliziert (dividiert) werden und die Wurzelexponente bleibt unverändert.

$$\sqrt[n]{a} * \sqrt[n]{b} = \sqrt[n]{a * b} = \sqrt[n]{ab}$$

$$\frac{\sqrt[n]{a}}{\sqrt[n]{b}} = \sqrt[n]{a:b} = \sqrt[n]{\frac{a}{b}} , \quad \frac{1}{\sqrt[n]{b}} = \sqrt[n]{\frac{1}{b}}$$

2 Алгебра

2.1 Линейные функции

Соответствие $x \to y$, которое каждому значению x сопоставляет только одно единственное значение y, называется однозначной зависимостью или **функцией**.

Уравнение $y = f(x)$ называется **уравнением функции**.

Переменную x называют **независимой** переменной или аргументом, а переменную y – **зависимой** переменной или значением функции.

Функция f определяет для каждого значения x из области определения функции D_f одно единственное значение y из множества значений функции W_f.

Функция вида $y = mx + n$ называется **линейной функцией**. При $n = 0$ получим пропорциональную зависимость.

Уравнение $y = mx + n$ называется **общим видом уравнения прямой**.

Её графиком является прямая пересекающая ось **OY** в точке $Q(0, n)$ и наклонённая к оси **OX** под угловым коэффициентом $m = tg\, \alpha$, m называется **угловым коэффициентом** прямой, n – **начальной ординатой**, α является углом между прямой и положительным лучом оси **X**.

При $n = 0$ получаем прямую $y = mx$, проходящую через начало координат с угловым коэффициентом m.

Особые случаи:
$y = 0$	уравнение оси X
$y = x$	уравнение биссектрисы угла в первом и третьем квадранте
$y = -x$	уравнение биссектрисы угла во втором и четвёртом квадранте
$y = y_0$	уравнение прямой параллельной оси абсцис X на расстоянии $|y_0|$

Algebra

Lineare Funktionen

Eine Zuordnung $x \to y$, die jedem Wert für x nur einen einzigen Wert für y zuordnet, heißt eindeutige Zuordnung oder **Funktion.**

Die Gleichung $y = f(x)$ heißt **Funktionsgleichung.**

Die Variable x heißt **unabhängige** Variable oder Argument und die Variable y – **abhängige** Variable oder Funktionswert.

Eine Funktion f ordnet jedem Element x der Definitionsmenge D_f genau ein Element y der Wertemenge W_f zu.

Die Funktion $y = mx + n$ heißt **lineare Funktion.** Für $n = 0$ ergibt sich eine proportionale Funktion.

Die Gleichung $y = mx + n$ heißt **allgemeine Geradegleichung.**

Ihr Graph ist die Gerade mit dem Abschnitt n auf der **Y**-Achse im Punkt $Q(0|n)$ und der Steigung $m = tg\, \alpha$, m heißt **Steigungsfaktor,** n heißt **Y**-Achsenabschnitt (Ordinatenabschnitt) der Geraden, α heißt **Neigungswinkel** der Geraden gegen die **X**-Achse.

Für $n = 0$ ergibt sich eine Gerade $y = mx$, die durch Koordinatenursprung geht mit dem Steigungsfaktor m.

Sonderfälle:
$y = 0$	Gleichung der X-Achse
$y = x$	Gleichung der Winkelhalbierenden des 1. und 3. Quadranten
$y = -x$	Gleichung der Winkelhalbierenden des 2. und 4. Quadranten
$y = y_0$	Gleichung der Parallelen zur X-Achse im Abstand $|y_0|$

y=mx+n

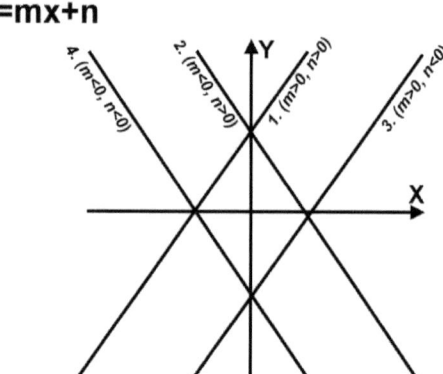

Если угловой коэффициент отрицателен (m<0), то получим **убывающую** прямую. Если угловой коэффициент положителен (m>0), то получим **возрастающую** прямую.

Wenn der Steigungsfaktor negativ ist (m<0), so erhalten wir eine **fallende** Gerade. Wenn der Steigungsfaktor positiv ist (m>0), so erhalten wir eine **steigende** Gerade.

Если **x** увеличится на одну единицу размерности, то **y** увеличится на **m** единиц.

Wenn **x** um eine Einheit vergrößert wird, ändert sich **y** um **m** Einheiten.

Две прямые $y = m_1x + n_1$; $y = m_2x + n_2$ являются **параллельными**, если угловые коэффициенты равны (**$m_1 = m_2$**). Параллельные прямые, которые отличаются между собой, не пересекаются.

Zwei Geraden $y = m_1x + n_1$; $y = m_2x + n_2$ sind **parallel**, falls ihre Steigungen gleich sind (**$m_1 = m_2$**). Parallele Geraden, die voneinander verschieden sind, besitzen keinen Schnittpunkt.

Непараллельные прямые имеют одну **точку пересечения**. С помощью метода приравнивания x-абсцисса точки пересечения определяется из решения:

Nichtparallele Geraden besitzen genau einen **Schnittpunkt**. Mit Hilfe der Gleichsetzungsmethode erhält man die x-Koordinate des Schnittpunktes als Lösung von:

$$m_1x + n_1 = m_2x + n_2$$

Путём подстановки найденного значения x в одну из прямых определяется значение y-координаты точки пересечения.

Durch Einsetzen dieses x-Wertes in eine Gerade erhält man die y-Koordinate des Schnittpunktes.

Прямые, которые перпендикулярны к заданной прямой **g**, называются относительно **g перпендикулярными прямыми** (или перпендикулярами, ортогоналями, нормалями).

Alle Geraden, die senkrecht auf einer gegebenen Geraden **g** stehen, heißen die **Lotgeraden** (oder „Normalen", „Orthogonalen", „Senkrechten") zu **g**.

Если прямая **g** имеет угловой коэффициент **m_1**, то угловой коэффициент **m_2**

Besitzt eine Gerade **g** die Steigung **m_1**, dann ist die Steigung **m_2** der Lotgeraden zu **g** der

перпендикулярной к ней прямой равен отрицательному значению обратной величины m_1: $m_1 * m_2 = -1$.

negative Kehrwert von m_1: $m_1 * m_2 = -1$.

Если график линейной функции проходит через **две точки** $A(x_1, y_1)$ и $A(x_2, y_2)$, то **m** и **n** определяются из выражений

Geht der Graph einer linearen Funktion durch **zwei Punkte** $A(x_1|y_1)$ und $B(x_2|y_2)$, so bestimmen wir zunächst **m** und **n** aus

$$m = \frac{y_2 - y_1}{x_2 - x_1} \qquad n = y_1 - mx_1$$

(oder/или $n = y_2 - mx_2$)

Пример/Beispiel:

$$A(-2|\ 3) \text{ und } B(4|\ 1),$$
$$\Rightarrow m = \frac{1 - 3}{4 - (-2)} = \frac{-2}{6} = -\frac{1}{3},$$
$$n = 3 - (-\frac{1}{3})(-2) = 3 - \frac{2}{3} = 2\frac{1}{3},$$
$$y = -\frac{1}{3}x + 2\frac{1}{3}$$

Уравнение

Die Gleichung

$$y - y_1 = m(x - x_1)$$

называется уравнением прямой проходящей через **одну** данную **точку**.

heißt **Punkt-Steigung-Form** der Geradengleichung.

Уравнение

Die Gleichung

$$y - y_1 = \frac{y_2 - y_1}{x_2 - x_1} * (x - x_1)$$

называется уравнением прямой проходящей через **две** данные **точки**.

heißt **Zwei-Punkte-Form** der Geradengleichung.

Уравнение прямой, проходящей через две точки на осях координат
Форма уравнения прямой, которая определяется точками пересечения на оси абсцисс ОХ и оси координат ОУ:

Achsenabschnittsform

Form der Geradengleichung_ die durch die Abschnitte auf der X- und Y-Achse bestimmt wird:

$$\frac{x}{a} + \frac{y}{b} = 1, \quad a, b \neq 0$$

при этом **a** является точкой пересечения с осью ОХ, а **b** точкой пересечения с осью ОУ.

dabei ist **a** der Schnittpunkt mit der X-Achse (Nullstelle) und **b** der Schnittpunkt mit der Y-Achse.

2.2 Линейные уравнения

Lineare Gleichungen

Если уравнение содержит только одну неизвестную в первой степени, то говорят о **линейном уравнении с одной переменной** в общем виде

Enthält die Gleichung nur eine Variable in der ersten Potenz, so spricht man um eine **lineare Gleichung mit einer Variablen** in allgemeiner Form

$$a*x + b = 0 \qquad a \neq 0 \quad a,b \in R$$

Чтобы решить линейное уравнение с одной переменной, необходимо его с помощью эквивалентных преобразований привести к такому виду, чтобы неизвестная переменная находилась на одной стороне равенства

Lineare Gleichungen mit einer Variablen werden gelöst, indem man die Gleichung solange äquivalent umformt, bis die Variable einmal alleine auf einer Seite der Gleichung steht

$$x = -\frac{b}{a}, \qquad a \neq 0$$

Два уравнения называются **равносильными** (или эквивалентными), если они имеют одно и то же множество решений.

Zwei Gleichungen mit derselben Lösungsmenge nennen wir **äquivalent**.

Множество решений уравнения не изменится, если
*   к **обеим** его частям прибавить или отнять одно и то же число,
*   **обе** его части умножить или разделить на одно и то же число, отличное от нуля.
Такие преобразования называются **эквивалентными**, а уравнения равносильными.

Die Lösungsmenge einer Gleichung ändert sich nicht, wenn man
*   auf **beiden** Seiten dieselbe Zahl addiert (subtrahiert),
*   auf **beiden** Seiten mit derselben von Null verschiedener Zahl multipliziert (dividiert).
Solche Umformungen heißen **Äquivalenzumformungen**.

$$5x + 7 = 2x + 10 \quad |-7$$
$$\Rightarrow 5x = 2x +3 \quad |-2x$$
$$\Rightarrow 3x = 3 \quad |:3$$
$$\Rightarrow x = 1$$

Линейные уравнения с двумя неизвестными могут быть решены лишь в том случае, если заданы два уравнения. Общая форма записи системы линейных уравнений с двумя неизвестными имеет вид:

Lineare Gleichungen mit zwei Variablen können nur dann gelöst werden, wenn zwei Gleichungen gegeben sind. Allgemeine Form eines Systems linearen Gleichungen mit zwei Variablen ist:

$$a_1 x + b_1 y = c_1$$
$$a_2 x + b_2 y = c_2$$

Множество решений одного линейного уравнения с двумя неизвестными **ax + by = c** на координатной плоскости образует **прямую**.

Die Lösungsmenge einer linearen Gleichung mit zwei Variablen **ax + by = 0** ergibt im X/Y-Koordinatensystem eine **Gerade**.

Если $b = 0$, но $a \neq 0$, то эта прямая **параллельна оси У**; если $a = 0$, но $b \neq 0$, то эта прямая **параллельна оси Х**.

Für $b = 0$, aber $a \neq 0$, ist die Gerade eine **Parallele zur Y-Achse**; für $a = 0$, aber $b \neq 0$, ist die Gerade eine **Parallele zur X-Achse**.

Решением системы линейных уравнений с двумя неизвестными называется пара чисел неизвестных, удовлетворяющая каждому уравнению этой системы.

Unter einer **Lösung** eines linearen Gleichungssystems mit zwei Variablen versteht man ein Zahlenpaar, das **alle** Gleichungen des Systems erfüllt.

Система двух линейных уравнений с двумя неизвестными может:

Ein System von zwei linearen Gleichungen mit zwei Variablen, hat entweder:

- **иметь единственное решение** – две прямые пересекаются в одной точке, если $a_1/a_2 \neq b_1/b_2$
- **иметь бесконечное множество решений** – две прямые совпадают, если $a_1/a_2 = b_1/b_2 = c_1/c_2$
- **не иметь решений** – две прямые параллельны, если $a_1/a_2 = b_1/b_2 \neq c_1/c_2$

- **eine Lösung** – die Geraden schneiden sich, wenn $a_1/a_2 \neq b_1/b_2$

- **unendlich viele Lösungen** – die Geraden sind identisch, wenn $a_1/a_2 = b_1/b_2 = c_1/c_2$
  - **keine Lösung** – die Geraden sind parallel, wenn $a_1/a_2 = b_1/b_2 \neq c_1/c_2$

Множество решений системы линейных уравнений не изменяется, если одно уравнение заменить его суммой с другим уравнением. Такое преобразование системы уравнений является **эквивалентным**.

Die Lösungsmenge eines linearen Gleichungssystems ändert sich nicht, wenn man eine der Gleichungen durch die „Summe" der beiden Gleichungen ersetzt. Diese Umformung eines Gleichungssystems ist eine **Äquivalenzumformung.**

Методы решения

Lösungsmethoden

Способ подстановки:
Одно из уравнений системы разрешают относительно одной неизвестной (напр. **x** выражают через **y**) и полученное выражение подставляют вместо неизвестной во второе уравнение. В результате получается уравнение с одной неизвестной, которое разрешается относительно неизвестной. Воспользовавшись выражением **x** через **y** и полученным решением для одной неизвестной, находят соответствующее решение для второй неизвестной.

Das Einsetzungsverfahren:
Eine Gleichung wird nach einer Variablen aufgelöst (z.B. **x** durch **y**), und der für die Variable gefundene Term in die andere Gleichung eingesetzt. Es entsteht eine Gleichung mit nur einer Variablen, die man nach der Variablen auflöst.

Diese Lösung wird in den anfangs gefundenen Term (z.B. **x** durch **y**) eingesetzt und die so entstehende Gleichung nach zweiter Variablen aufgelöst.

$$2x + 6y = 28 \quad | : 2$$
$$4x + 2y = 16$$
$$x = 14 - 3y$$

$$\Rightarrow \quad 4*(14 - 3y) + 2y = 16$$
$$56 - 12y + 2y = 16 \quad | -56$$
$$-12y + 2y = 16 - 56$$
$$-10y = -40$$
$$y = 4$$

$$\Rightarrow \quad x = 14 - 3*4 = 14 - 12$$
$$x = 2$$

$$L = \{2; 4\}$$

Способ приравнивания:

Оба уравнения разрешают относительно одной неизвестной (напр. **x**) или общего выражения. Полученные выражения приравнивают и в результате получают одно уравнение с одной неизвестной (напр. **y**). Разрешив полученное уравнение относительно неизвестной и воспользовавшись выражением **x** через **y** находят соответствующее решение для второй неизвестной.

Das Gleichsetzungsverfahren:

Beide Gleichungen des Systems werden nach einer Variablen (z.B. **x**) oder einem gemeinsamen Term aufgelöst. Die gefundenen Terme werden miteinander gleichgesetzt und es entsteht eine Gleichung mit nur einer Variablen (z.B. **y**). Nach der Lösung wird sie in den anfangs gefundenen Term eingesetzt und die Gleichung nach zweiter Variablen aufgelöst.

$$2x + 6y = 28$$
$$4x + 2y = 16 \; |:2$$
$$2x = 28 - 6y$$
$$2x + y = 8$$
$$2x = 8 - y$$

$$\Rightarrow \quad 28 - 6y = 8 - y$$
$$5y = 20$$
$$y = 4$$

$$\Rightarrow 2x = 28 - 6*4$$
$$2x = 4$$
$$x = 2 \qquad L = \{2; 4\}$$

Способ сложения:

С помощью умножения каждого уравнения на соответствующее число добиваются того, чтобы коэффициенты при одной переменной были одинаковыми и с противоположными знаками (напр. при **x**). При сложении полученных уравнений одна неизвестная исчезает и получают одно уравнение с одной неизвестной (напр. **y**). Разрешив полученное уравнение относительно неизвестной и воспользовавшись одним из исходных уравнений, находят соответствующее решение для второй неизвестной.

Das Additionsverfahren:

Durch Multiplizieren jeder der Gleichungen mit einer geeigneten Zahl erreicht man, dass die Koeffizienten einer Variablen in beiden Gleichungen entgegengesetzte Zahlen sind (z.B. bei **x**). Bei der Addition der beiden Gleichungen wird somit eine Variable eliminiert und es entsteht eine Gleichung mit nur einer Variablen (z.B. **y**).
Nach der Lösung der Gleichung, wird die Lösung in die anfangs gegebene Gleichung eingesetzt und nach der zweiten Variablen aufgelöst.

$$2x + 6y = 28 \; |*(-2)$$
$$4x + 2y = 16$$
$$\Rightarrow \quad -4x - 12y = -56$$
$$4x + 2y = 16$$
$$\overline{}$$
$$-12y + 2y = -56 + 16$$

$$\Rightarrow -10y = -40$$
$$\underline{y = 4}$$
$$\Rightarrow 2x + 6*4 = 28$$
$$2x = 28 - 24 = 4$$
$$x = 2$$
$$L = \{2; 4\}$$

2.3 Квадратичные функции

Quadratische Funktionen

Функция вида $y = x^2$ называется **квадратичной**; её графиком является **нормальная парабола** с **вершиной S(0, 0)** в начале координат.

Die Funktion $y = x^2$ (oder $x \rightarrow x^2$) heißt **Quadratfunktion**; ihr Graph heißt **Normalparabel** mit dem **Scheitel S(0|0)** im **Koordinatenursprung** (Nullpunkt).

Функция $y = x^2 + c$ принимает своё наименьшее значение при $x = 0$. Её графиком является смещённая параллельно оси координат **У** нормальная парабола с **вершиной S(0, c)**.

Die Funktion $y = x^2 + c$ nimmt ihren kleinsten Wert **c** für $x = 0$ an. Der Graph ist eine parallel zu **Y**-Achse verschobene Normalparabel mit dem **Scheitel S(0|c)**.

Функция $y = (x - d)^2$ принимает своё наименьшее значение 0 при $x = d$. Её графиком является смещённая параллельно оси абсцисс **X** нормальная парабола с **вершиной S(d, 0)**.

Die Funktion $y = (x - d)^2$ nimmt ihren kleinsten Wert 0 für $x = d$ an. Der Graph ist eine parallel zu **X**-Achse verschobene Normalparabel mit dem **Scheitel S(d|0)**.

d<0   d>0

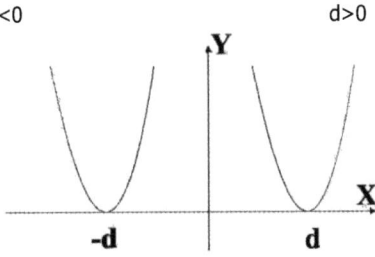

-d   d

Графиком функции $y = ax^2$ $(a \neq 0)$ является **парабола**. Её **вершина** находится в точке **S(0, 0)** и она симметрична относительно оси ординат **У**.

Der Graph der Funktion $y = ax^2$ $(a \neq 0)$ heißt **Parabel**. Sie hat den **Scheitel S(0|0)** und ist symmetrisch zur **Y**-Achse.

Если **a > 0**, то ветви параболы направлены вверх, а если **a < 0**, то ветви параболы направлены вниз; если $|a| > 1$, то она **уже**, а если $|a| < 1$, то она **шире** нормальной параболы.

Für **a > 0** ist sie nach oben geöffnet und für **a < 0** ist sie nach nach unten geöffnet; für $|a| > 1$ ist sie **enger** und für $|a| < 1$ ist sie **weiter** als die Normalparabel.

Квадратичную функцию вида $y = ax^2 + bx + c$ всегда можно путём выделения полного квадрата привести к виду $y = a(x - d)^2 + e$

Jede Funktion der Form $y = ax^2 + bx + c$ lässt sich durch quadratische Ergänzung in die Scheitelpunktsform $y = a(x - d)^2 + e$ bringen

$$d = -\frac{b}{2a}, \quad e = \frac{4ac - b^2}{4a}$$

Функция с **вершиной S(d, e)** принимает при $x = d$ наименьшее значение (**минимум**) **e**, если **a > 0** и наибольшее значение (**максимум**) **e**, если **a < 0**.

Die Funktion mit dem **Scheitel S(d|e)** nimmt für $x = d$ den kleinsten Funktionswert (das **Minimum**) **e** an, falls **a > 0**, oder den größten Funktionswert (das **Maximum**) **e** an, falls **a < 0**.

27

$$y = 2x^2 - 8x + 5$$
$$= 2(x^2 - 4x + 4 - 4) + 5$$
$$= 2((x - 2)^2 - 4) + 5$$
$$= 2(x - 2)^2 - 3$$

Вершина/Scheitel S(2 | -3)

$$y = -3x^2 + 6x - 2$$
$$= -3(x^2 - 2x + 1 - 1) - 2$$
$$= -3((x - 1)^2 - 1) - 2$$
$$= -3(x - 1)^2 + 1$$

Вершина/Scheitel S(1 | 1)

График функции **y = a(x − d)² + e** представляет собой **параболу**, ветви которой при a>0 **направлены вверх**, а при a<0 **направлены вниз**.

Der Graph der Funktion **y = a(x − d)² + e** stellt eine **nach oben geöffnete Parabel**, wenn a>0 ist und eine **nach unten geöffnete Parabel**, wenn a<0 ist, dar.

При a>1 график параболы **растянут** относительно У-оси, а при 0<a<1 график параболы **сжат** к У-оси.
В случае a<0, наряду с **растяжением** и **сжатием** прибавляется ещё **преобразо- вание симметрии** относительно Х-оси.

Der Graph stellt für a>1 eine in Y-Achse **gestreckte**, für 0<a<1 eine in Y-Achse **gestauchte** Normalparabel dar.
Für a<0 kommt zur **Streckung** oder **Stauchung** noch eine **Spiegelung** an der X-Achse hinzu.

Точки на Х-оси, в которых парабола y = ax²+bx+c пересекает её, называются **корнями** и они определяются как решения квадратного уравнения

Stellen an der X-Achse, an denen die Parabel y = ax²+bx+c die X-Achse schneidet, heißen **Nullstellen** und man erhält sie als Lösungen der quadratischen Gleichung

$$ax^2 + bx + c = 0$$

Точки, в которых парабола y = ax²+bx+c пересекается с прямой y = mx + n или с другой параболой, называются **точками пересечения** графиков.
Вычисление **точек пересечения** параболы с прямой осуществляется из приравнивания

Punkte, an denen die Parabel y = ax²+bx+c mit der Geraden y = mx + n oder anderer Parabel sich schneidet, heißen **Schnittpunkte**.
Die Berechnung der **Schnittpunkte** der Parabel mit der Geraden erfolgt durch Gleichsetzen

$$ax^2 + bx + c = mx + n$$

Если это уравнение не имеет решений, то графики не пересекаются, в противном случае решения x_1 и x_2 представляют точки пересечения графиков (Х-координаты)

Falls diese Gleichung keine Lösung besitzt, gibt es keinen Schnittpunkt, sonst liefern die Lösungen x_1 und x_2 die X-Koordinaten der Schnittpunkte

$$P_1(x_1; mx_1 + n), \quad P_2(x_2; mx_2 + n)$$

Если это уравнение имеет только одно решение, то прямая касается параболы в одной точке, то есть является касательной к параболе в этой точке.

Wenn diese Gleichung nur eine Lösung besitzt, dann berührt die Gerade die Parabel in einem Punkt, sie ist also Tangente in diesem Punkt.

Квадратичная функция **y = x²** при x ≥ 0 и функция **y = √x** являются взаимно **обратными функциями**.

Die Quadratfunktion **y = x²** für x ≥ 0 und die Quadratwurzelfunktion **y = √x** sind **Umkehrfunktionen** voneinander.

2.4 Квадратные уравнения

Quadratische Gleichungen

Чтобы решить **неполное** квадратное уравнение вида **ax² + c = 0** (a ≠ 0), нужно привести его к виду:

Um die **rein-quadratische** Gleichung **ax² + c = 0** (a ≠ 0) zu lösen, bringt man sie in die Form:

$$x^2 = e, \quad e = -\frac{c}{a}.$$

В множестве R уравнение имеет:
- **два** корня $x_1 = -\sqrt{e}$ и $x_2 = +\sqrt{e}$ при e>0
- **один** корень **x = 0** при e = 0
- **не имеет** корней при e < 0

In der Grundmenge R hat die Gleichung:
- **zwei** Lösungen $x_1 = -\sqrt{e}$ und $x_2 = +\sqrt{e}$ für e>0
- **eine** Lösung **x = 0** für e = 0
- **keine** Lösung für e < 0

Смешанное неполное квадратное уравнение без свободного члена вида **x² + bx = 0**, b ≠ 0 имеет **два** корня: $x_1 = 0$ и $x_2 = -b$.

Die **gemischt-quadratische** Gleichung ohne Absolutglied **x² + bx = 0**, b ≠ 0 hat genau **zwei** Lösungen: $x_1 = 0$ und $x_2 = -b$.

$2x^2 - 8 = 0$	$3x^2 + 6 = 0$	$x^2 + 5x = 0,$
$x^2 = 4$	$x^2 = -3$	$x \cdot (x + 5) = 0$
$x_1 = 2$	Не имеет корней	$x_1 = 0$
$x_2 = -2$	Keine Lösung	$x_2 = -5$
$L = \{-2; 2\}$	$L = \{\varnothing\}$	$L = \{-5; 0\}$

Квадратное уравнение общего вида **ax² + bx + c = 0** (a≠0) имеет в R:

Eine quadratische Gleichung in der allgemeinen Form **ax² + bx + c = 0** (a≠0) hat in R:

- **два** различных корня (решений):

$$x_{1,2} = \frac{1}{2a}(-b \pm \sqrt{D}), \quad D = b^2 - 4ac,$$

если **дискриминант D > 0**

- **zwei** Lösungen:

$$x_{1,2} = \frac{1}{2a}(-b \pm \sqrt{D}), \quad D = b^2 - 4ac,$$

wenn die **Diskriminante D > 0** ist

- **один** корень $x = -\dfrac{b}{2a}$, если **D = 0**
- **не имеет** корней, если **D < 0**

- **eine** Lösung $x = -\dfrac{b}{2a}$, wenn **D = 0** ist
- **keine** Lösung, wenn **D < 0** ist

1) $6x^2 - 5x - 4 = 0$
   ⇒ a=6, b=-5, c=-4,

$D = (-5)^2 - 4 \cdot 6 \cdot (-4) = 25 + 96 = 121$

$$x_{1,2} = \frac{1}{12}(5 \pm \sqrt{121}) = \frac{1}{12}(5 \pm 11)$$

$x_1 = \frac{4}{3}; \quad x_2 = -\frac{1}{2}, \quad L = \{-\frac{1}{2}; \frac{4}{3}\}$

2) $x^2 - 2x + 10 = 0$
   ⇒ a= 1, b=-2, c=10,

$D = (-2)^2 - 4 \cdot 1 \cdot 10 = -36 < 0$

Уравнение не имеет решений, $L = \{\varnothing\}$

Die Gleichung hat in R keine Lösung.

Формула корней **приведённого** квадратного уравнения вида **x² + px + q = 0**, p,q ∈R имеет вид:

Die Lösungsformel für die **normierte** quadratische Gleichung **x² + px + q = 0**, p,q ∈R ist:

$$x_{1,2} = -\frac{p}{2} \pm \sqrt{\left(\frac{p}{2}\right)^2 - q}$$

Вид корней определяется значением дискриминанта:

Über die Art der Lösungen entscheidet die Diskriminante:

$$D = \left(\frac{p}{2}\right)^2 - q$$

Теорема Виета:

Для **приведённого** квадратного уравнения $x^2 + px + q = 0$, p,q $\in$R, с действительными корнями x_1 и x_2 справедливы соотношения:

Satz von Vieta:

Für eine **normierte** quadratische Gleichung $x^2 + px + q = 0$, p,q $\in$R, mit den reellen Lösungen x_1 und x_2 gilt:

1) $x_1 + x_2 = -p$
2) $x_1 * x_2 = q$
3) $(x - x_1)*(x - x_2) = x^2 + px + q$

Это представление называется **разложением** квадратного выражения $X^2 + px + q$ на **линейные множители**.

Mann nennt dies die **Zerlegung** des quadratischen Terms $x^2 + px + q$ in **Linearfaktoren**.

$$x_1 = 4 - \sqrt{3} \qquad x_2 = 4 + \sqrt{3}$$
$$\Rightarrow p = -(x_1 + x_2) =$$
$$-(4 - \sqrt{3} + 4 + \sqrt{3}) = -8$$
$$q = x_1 * x_2 =$$
$$(4 - \sqrt{3})*(4 + \sqrt{3}) = 16 - 3 = 13$$
$$\Rightarrow x^2 - 8x + 13 =$$
$$(x - 4 + \sqrt{3})*(x - 4 - \sqrt{3}) =$$
$$[(x - 4)^2 - 3] = 0$$
$$\Rightarrow (x - 4)^2 = 3$$

Для решения уравнения $ax^2 + bx + c = 0$ (a≠0) **графическим** способом приведём его к виду $x^2 = -\frac{b}{a}x - \frac{c}{a}$.

Если графики функций $y = x^2$ (нормальная парабола) и $y = -\frac{b}{a}x - \frac{c}{a}$ (прямая) пересекаются, то значения **x** точек пересечений обеих функций являются корнями данного уравнения.

Um die Gleichung $ax^2 + bx + c = 0$ (a ≠ 0) **zeichnerisch** zu lösen, bringen wir sie in die Form $x^2 = -\frac{b}{a}x - \frac{c}{a}$.

Schneiden sich die Schaubilder von $y = x^2$ (Normalparabel) und $y = -\frac{b}{a}x - \frac{c}{a}$ (Gerade), so sind die **x**-Werte der Schnittpunkte die Lösungen.

Дробные уравнения

Некоторые дробные уравнения могут с помощью **умножения** на общий знаменатель быть приведены к квадратному

Bruchgleichungen

Manche Bruchgleichungen können durch **Multiplikation** mit dem Hauptnenner in eine quadratische Gleichung übergeführt werden.

уравнению. Решение квадратного уравнения является решением исходного уравнения только в случае, если для данного значения знаменатели не исчезают.

Дробными уравнениями являются уравнения, в которых неизвестная переменная присутствует по крайней мере один раз в знаменателе дроби. Любое дробное уравнение можно с помощью умножения на общий знаменатель привести к уравнению, в котором знаменатель отсутствует.

Решение дробного уравнения:
1. определить область определения решений D
2. найти **общий знаменатель** дробных выражений
3. умножить уравнение на общий знаменатель и произвести сокращение
4. решить в D получившееся уравнение

Eine Lösung dieser quadratischen Gleichung ist jedoch nur dann Lösung der Ausgangsgleichung, falls für diesen Wert keiner der Nenner verschwindet.

Bruchgleichungen sind Gleichungen, bei denen mindestens einmal eine Variable im Nenner eines Quotienten auftritt. Jede Bruchgleichung kann durch Multiplikation mit dem Hauptnenner auf eine Gleichung ohne Nenner zurückgeführt werden.

Lösen einer Bruchgleichung:
1. die Definitionsmenge D feststellen

2. alle Bruchterme auf den **Hauptnenner** bringen
3. mit dem Hauptnenner durchmulti-plizieren und vollständig kürzen,
4. die entstehende bruchtermfreie Gleichung in D lösen

1) $\frac{2}{x-1} + \frac{4}{x+1} = \frac{6}{x}$ $D = R\backslash\{0; -1; 1\}$

$\frac{2}{x-1} + \frac{4}{x+1} = \frac{6}{x}$ $|*x(x-1)(x+1)$

$HN = x(x-1)(x+1)$

$2x(x+1) + 4x(x-1) = 6(x-1)(x+1)$
$2x^2 + 2x + 4x^2 - 4x = 6x^2 - 6$ $|-6x^2$
$2x^2 + 2x + 4x^2 - 4x - 6x^2 = -6$
$-2x = -6$ $|:(-2)$
$x = 3$
$L = \{3\}$

2) $\frac{x}{2} + \frac{x}{x-3} = \frac{3}{x-3} - 2$ $D = R\backslash\{3\}$

$\frac{x}{2} + \frac{x}{x-3} = \frac{3}{x-3} - 2$ $|*2(x-3)$

$HN = 2(x-3)$

$x(x-3) + 2x = 6 - 4(x-3)$
$x^2 - 3x + 2x = 6 - 4x + 12$
$x^2 + 3x - 18 = 0$

$x_{1,2} = -\frac{3}{2} \pm \sqrt{\left(\frac{3}{2}\right)^2 - (-18)} = -\frac{3}{2} \pm \frac{9}{2}$

$x_1 = 3$ $x_2 = -6,$
$L = \{-6\}$

Иррациональные уравнения

Уравнения, в которых переменная содержится под знаком корня, называются **иррациональными**.
Решение иррациональных уравнений сводится к переходу от иррационального к рациональному уравнению путём возведения в степень обеих частей уравнения.

Решение иррационального уравнения:
1. определить область определения решений D
2. уединить радикал в одну сторону

Wurzelgleichungen

Wurzelgleichungen sind Gleichungen, bei denen die Variablen im Radikanden einer Wurzel auftritt.
Die Lösung der Wurzelgleichung führt durch Potenzieren der Gleichung zu einer wurzelfreien Gleichung.

Lösen einer Wurzelgleichung:
1. die Definitionsmenge D feststellen
2. (eine) Wurzel isolieren

3. обе части уравнения возвести в **квадрат**
4. решить полученное (без радикала) уравнение в области D
5. **проверить** все найденные корни подстановкой в исходное уравнение

3. die Gleichung beidseitig **quadrieren**

4. die entstehende (wurzelfreie) Gleichung in D lösen
5. die **Probe** in der Ausgangsgleichung durchführen

$$\sqrt{x-2} + 14 = x \qquad D = \{x \mid x \geq 2\}$$
$$\sqrt{x-2} = x - 14 \quad |^2$$
$$x - 2 = (x - 14)^2$$
$$x - 2 = x^2 - 28x + 196$$
$$x^2 - 29x + 198 = 0$$

$$x_{1,2} = \frac{29}{2} \pm \sqrt{\left(\frac{29}{2}\right)^2 - 198}$$

$$x_{1,2} = \frac{29}{2} \pm \sqrt{\frac{49}{4}} = \frac{29}{2} \pm \frac{7}{2}$$

$$x_1 = 18 \qquad x_2 = 11$$

Проверка/Probe:

$$x_1: \quad \sqrt{18-2} + 14 = 18$$
$$4 + 14 = 18$$
$$\Rightarrow 18 = 18$$

$$x_2: \quad \sqrt{11-2} + 14 = 11$$
$$3 + 14 = 11$$
$$\Rightarrow 17 \neq 11$$

$$L = \{18\}$$

Биквадратные уравнения

Biquadratische Gleichungen

Биквадратным называется уравнение вида $ax^4 + bx^2 + c = 0$, где $a \neq 0$, которое решается методом введения новой переменной $x^2 = y$.

Eine biquadratische Gleichung mit geraden Potenzexponenten in Form $ax^4 + bx^2 + c = 0$, $a \neq 0$, wird durch Ersetzung einer neuen Variablen $x^2 = y$ gelöst.

Решение биквадратного уравнения:
1. квадрат неизвестной заменить новой переменной
2. решить полученное квадратное уравнение относительно новой переменной
3. вернуться к старой переменной

Lösen einer biquadratischen Gleichung:
1. das Quadrat der Variablen durch eine neue Variable ersetzen (**Substitution**)
2. die entstehende quadratische Gleichung lösen
3. die Substitution wieder rückgängig machen

Если квадратное уравнение не имеет неотрицательные решения, то биквадратное уравнение не имеет решений.

Wenn die quadratische Gleichung keine nichtnegative Lösung besitzt, dann hat die biquadratische Gleichung keine reelle Lösung.

Если квадратное уравнение имеет неотрицательные решения, то биквадратное уравнение имеет решения.

Wenn die quadratische Gleichung die nichtnegativen Lösungen besitzt, dann hat die biquadratische Gleichung die Lösungen.

$$x^4 + 4x^2 - 21 = 0$$
$$x^2 = y$$
$$y^2 + 4y - 21 = 0$$
$$y_{1,2} = -2 \pm \sqrt{4 + 21}$$
$$= -2 \pm 5$$
$$y_1 = -7 \qquad y_2 = 3$$

$$\Rightarrow x^2 = -7, \text{ нет решений/keine Lösung}$$
$$\Rightarrow x^2 = 3 \qquad x_1 = \sqrt{3} \qquad x_2 = -\sqrt{3}$$
$$L = \{-\sqrt{3} \,;\, \sqrt{3}\}$$

3 Геометрия

Geometrie

3.1 Углы

Winkel

Две точки определяют одну и только одну прямую. **Отрезком** называется часть прямой, ограниченной двумя точками. Эти точки называются концами отрезка.

Zwei Punkte bestimmen genau eine Gerade. Eine **Strecke** ist ein Abschnitt einer Geraden, deren Anfang und Ende von zwei Punkten markiert wird.

Полупрямой или **лучом** называется часть прямой, лежащей по одну сторону от начальной точки. В другом направлении луч не ограничен.

Ein **Strahl** ist eine gerade Linie mit einem Anfangspunkt. In der anderen Richtung wird der Strahl nicht begrenzt.

Прямая является бесконечным множеством точек, расположенных на прямой линии.

Eine **Gerade** ist eine Menge unendlich vielen Punkten, die auf einer geraden Linie liegen.

Прямая делит плоскость, на которой она находится, на две **полуплоскости**. Сама прямая является подмножеством каждой полуплоскости.

Eine Gerade teilt die Ebene, in der sie liegt, in zwei **Halbebenen**. Die Gerade selbst ist eine Teilmenge jeder dieser Halbebenen.

Углом называется фигура, которая состоит из точки – **вершины угла** и двух различных полупрямых, исходящих из одной точки, - **сторон угла**.

Winkel nennt man eine Figur, die einen Punkt – den **Scheitel des Winkels** hat und durch zwei von gleichen Punkt ausgehenden geraden Strahlen – **Schenkel** begrenzt ist.

Биссектрисой угла называется луч, который исходит из его вершины, проходит между его сторонами и делит угол пополам.

Eine vom Scheitel des Winkels ausgehende Gerade, die von den Schenkeln gleichen Abstand hat, heißt **Winkelhalbierende.**

Каждый угол имеет определённую **градусную** меру.
Угол, равный 90°, называется **прямым** углом.
Угол, меньший 90°, называется **острым** углом.
Угол, больший 90° и меньший 180°, называется **тупым** углом.
Угол, равный 180°, называется **развёрнутым** углом.
Угол, равный 360°, называется **полным** углом.

Jeder Winkel hat eine Winkelweite, die in **Grad** angegeben wird.
Ein Winkel, der gleich 90° ist, heißt **rechter** Winkel.
Ein Winkel, der kleiner ist als 90°, heißt **spitzer** Winkel.
Ein Winkel, der größer ist als 90°, aber kleiner als 180°, heißt **stumpfer** Winkel.
Ein Winkel, der gleich 180° ist, heißt **gestreckter** Winkel.
Ein Winkel, der gleich 360° ist, heißt **Vollwinkel.**

Два угла, имеющие одну общую сторону, а две другие стороны этих углов составляют прямую, называются **смежными** углами. Сумма смежных углов равна 180°.

Zwei Winkel, die einen Schenkel gemeinsam haben und deren andere Schenkel eine Gerade bilden, nennt man **Nebenwinkel.** Nebenwinkel haben zusammen eine Winkelweite von 180°.

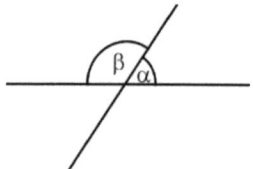

$$\alpha + \beta = 180°$$

Два угла, имеющие общую вершину, стороны которых составляют совместно две прямые, называются **противоположными** углами. Противоположные углы равны.

Zwei Winkel mit einem gemeinsamen Scheitel und deren Schenkel zusammen zwei Geraden bilden, nennt man **Scheitelwinkel.** Scheitelwinkel haben gleiche Winkelweite.

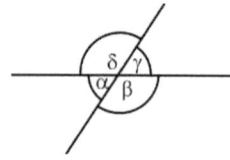

$$\alpha = \gamma, \quad \beta = \delta$$

При пересечении двух прямых третьей прямой, углы α_1 и α_2, β_1 и β_2, γ_1 и γ_2 или δ_1 и δ_2 называются **соответственными**. Если две прямые параллельны, то соответственные углы равны.

Bei einer doppelten Geradenkreuzung nennt man die Winkel α_1 und α_2, β_1 und β_2, γ_1 und γ_2 oder δ_1 und δ_2 **Stufenwinkel.** An parallelen Geraden sind Stufenwinkel gleich groß.

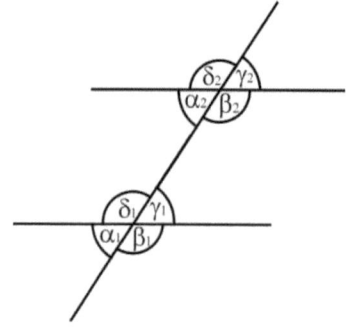

$$\alpha_1 = \alpha_2, \quad \beta_1 = \beta_2,$$
$$\gamma_1 = \gamma_2, \quad \delta_1 = \delta_2$$

При пересечении двух прямых третьей прямой, углы α_1 и γ_2, β_1 и δ_2, γ_1 и α_2 или δ_1 и β_2 называются **накрест лежащими**. Если две прямые параллельны, то накрест лежащие углы равны

Bei einer doppelten Geradenkreuzung nennt man die Winkel α_1 und γ_2, β_1 und δ_2, γ_1 und α_2 oder δ_1 und β_2 **Wechselwinkel.** An parallelen Geraden sind Wechselwinkel gleich groß

$$\alpha_1 = \gamma_2, \quad \beta_1 = \delta_2, \quad \gamma_1 = \alpha_2, \quad \delta_1 = \beta_2$$

3.2 Треугольники

Dreiecke

Треугольник с двумя равными сторонами называется **равнобедренным**.
Эти равные стороны называются **боковыми** сторонами, а третья сторона называется **основанием** треугольника.
Если треугольник равнобедренный, то его углы при основании равны.

Ein Dreieck mit zwei gleich langen Seiten heißt **gleichschenklig**.
Diese Seiten nennt man **Schenkel**, die dritte **Grundlinie** (oder Basis).

Ist ein Dreieck gleichschenklig, so hat er zwei gleiche Basiswinkel.

Треугольник с тремя равными сторонами называется **равносторонним**.
Каждый угол в равностороннем треугольнике равен 60°.

Ein Dreieck mit drei gleich langen Seiten heißt **gleichseitig**.
Jeder Winkel im gleichseitigen Dreieck misst 60°.

Треугольник с одним прямым углом (=90°) называется **прямоугольным**.

Ein Dreieck mit einem rechten Winkel (=90°) heißt **rechtwinkliges** Dreieck.

Сумма углов треугольника равна 180°.

In jedem Dreieck beträgt die **Winkelsumme** 180°.

Перпендикуляр, опущеный из одной вершины треугольника на противоположную сторону или на её продолжение, называется **высотой.**

Das Lot von einem Eckpunkt des Dreiecks auf die gegenüberliegende Seite oder ihre Verlängerung heißt **Höhe**.

Биссектрисой треугольника называется отрезок биссектрисы угла треугольника, соединяющий вершину треугольника с точкой на противолежащей стороне.

Eine Gerade im Dreieck, zwischen einer Ecke und gegenüberliegenden Seite, die von den Schenkeln des Winkels gleichen Abstand hat, heißt **Winkelhalbierende.**

Отрезок, соединяющий вершину одного угла треугольника с серединной противолежащей стороны называется **медианой** треугольника.

Die Verbindungsstrecke von einem Eckpunkt zum Mittelpunkt der gegenüberliegenden Seite eines Dreiecks heißt **Seitenhalbierende**.

Равенство треугольников

Kongruenzsätze

Признак равенства треугольников по трём сторонам:
Если три стороны одного треугольника равны трём сторонам другого треугольника, то такие треугольники равны.

Kongruenzsatz sss:

Wenn Dreiecke in entsprechenden Seiten übereinstimmen, dann sind sie zueinander kongruent.

Признак равенства треугольников по двум сторонам и углу между ними:
Если две стороны и угол между ними одного треугольника равны соответственно двум сторонам и углу между ними другого треугольника, то такие треугольники равны.

Kongruenzsatz sws:

Wenn Dreiecke in zwei Seiten und dem eingeschlossenen Winkel übereinstimmen, dann sind sie zueinander kongruent.

Признак равенства треугольников по стороне и прилежащим к ней углам:
Если сторона и прилежащие к ней углы одного треугольника равны соответственно стороне и прилежащим к ней углам другого треугольника, то такие треугольники равны.

Kongruenzsatz wsw:

Wenn Dreiecke in einer Seite und zwei anliegenden Winkeln übereinstimmen, dann sind sie zueinander kongruent.

Признак равенства треугольников по двум сторонам и углу лежащему против наибольшей стороны:
Если две стороны и угол противолежащий большей стороне одного треугольника равны соответственно двум сторонам и углу противолежащему большей стороне другого треугольника, то такие треугольники равны.

Kongruenzsatz ssw:

Wenn Dreiecke in zwei Seiten und dem Gegenwinkel der größeren dieser beiden Seiten übereinstimmen, dann sind sie zueinander kongruent.

Подобные треугольники

У **подобных** треугольников соответствующие углы равны, а соответствующие стороны пропорциональны.

Ähnliche Dreiecke

Bei **ähnlichen** Dreiecken haben die entsprechenden Winkel die gleiche Weite und die entsprechenden Seiten das gleiche Längenverhältnis.

Первый признак подобия:
Треугольники подобны, если стороны одного треугольника пропорциональны соответственно трём сторонам другого.

Erster Ähnlichkeitssatz (sss):
Dreiecke sind schon ähnlich, wenn sie im Verhältnis der drei Seitenlängen übereinstimmen.

Второй признак подобия:
Треугольники подобны, если две стороны одного треугольника пропорциональны двум сторонам другого и углы, между этими сторонами, равны.

Zweiter Ähnlichkeitssatz (sws):
Dreiecke sind schon ähnlich, wenn sie im Verhältnis zweier Seiten und dem Zwischenwinkel übereinstimmen.

Третий признак подобия:
Треугольники подобны, если две стороны одного треугольника пропорциональны двум сторонам другого и углы, противолежащие большим сторонам, равны.

Dritter Ähnlichkeitssatz:
Dreiecke sind schon ähnlich, wenn sie im Verhältnis zweier Seiten und dem Gegenwinkel der größeren Seite übereinstimmen.

Четвёртый признак подобия:
Треугольники подобны, если два угла одного треугольника соответственно равны двум углам другого.

Vierter Ähnlichkeitssatz:
Dreiecke sind schon ähnlich, wenn sie in zwei Winkeln übereinstimmen.

Площади подобных треугольников:
Площади подобных треугольников с коэффициентом подобия сторон равным **k** относятся как квадраты соответствующих линейных размеров k^2.

Flächeninhalt ähnlicher Dreiecke:
In ähnlichen Dreiecken mit **k** als Längenverhältnis misst das Inhaltverhältnis k^2.

Отношение высот:
Во всяком треугольнике отношение двух его высот равно отношению обратных величин соответствующих сторон

Höhenverhältnis:
In jedem Dreieck verhalten sich die Dreieckshöhen umgekehrt wie die zugehörigen Seiten

$$h_a : h_b : h_c = \frac{1}{a} : \frac{1}{b} : \frac{1}{c}$$

a, b, c — стороны треугольника
/Seiten des Dreiecks
h_a , h_b , h_c — высоты/Höhen

Биссектриса угла:
В треугольнике всякая **биссектриса** угла делит противолежащую сторону на отрезки пропорционально прилежащим сторонам

Winkelhalbierende:
In einem Dreieck teilt jede **Winkelhalbierende** die Gegenseite im Verhältnis der anliegenden Seiten

$a : b = c_1 : c_2$

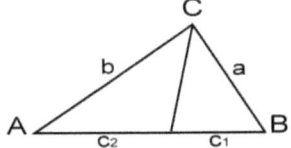

Свойства высот треугольника:
Во всяком треугольнике, три высоты треугольника пересекаются в одной точке. Эта точка называется **ортоцентром** треугольника.

Höhenschnittpunkt:
Bei jedem Dreieck schneiden sich die drei Höhen in einem Punkt, dem **Höhenschnittpunkt** des Dreiecks.

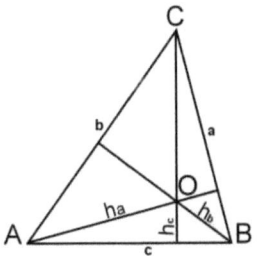

h_a , h_b , h_c — высоты/Höhen

Окружность называется **описанной** около треугольника, если она проходит через все его вершины.

Ein Kreis, der durch alle Ecken eines Dreiecks geht, heißt **Umkreis**.

Свойства серединных перпендикуляров треугольника:
Три перпендикуляра к сторонам треугольника, проведённые через их середины, пересекаются в одной точке. Эта точка является **центром описанной около треугольника окружности.**

Satz über **Mittelsenkrechten:**

Die drei Mittelsenkrechten eines Dreiecks schneiden sich in einem Punkt. Der Punkt ist der **Mittelpunkt des Umkreises.**

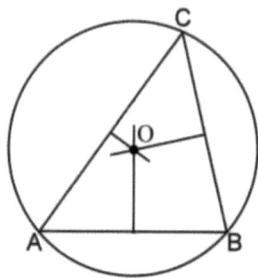

Окружность называется **вписанной** в треугольник, если она касается всех его сторон.

Ein Kreis, der alle Seiten eines Dreiecks von ihnen berührt, heißt **Inkreis**.

Свойства биссектрис треугольника:
Три биссектрисы углов треугольника пересекаются в одной точке. Эта точка является **центром вписанной в треугольник окружности.**

Satz über die Winkelhalbierenden:
Die drei Winkelhalbierenden eines Dreiecks schneiden sich in einem Punkt. Dieser Punkt ist der **Mittelpunkt des Inkreises.**

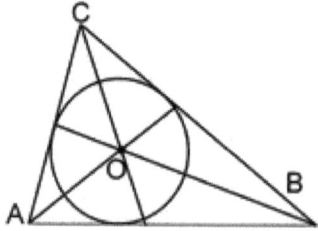

Свойства медиан треугольника:
Три медианы треугольника пересекаются в одной точке. Эта точка является **центром тяжести** треугольника и делит каждую медиану в отношении **2 : 1**.

Satz über die Seitenhalbierenden:
Die drei Seitenhalbierenden eines Dreiecks schneiden sich in einem Punkt. Dieser Punkt ist der **Schwerpunkt des Dreiecks** und teilt jede Seitenhalbierende im Verhältniss **2 : 1**.

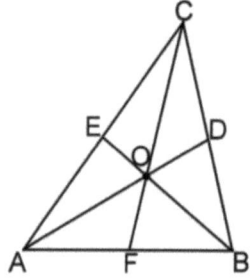

AO : OD = 2 : 1
BO : OE = 2 : 1
CO : OF = 2 : 1

Замечательные точки в треугольнике:

Во всяком треугольнике имеются четыре замечательные точки:
точка пересечения высот;
центр окружности, описанной около треугольника, являющийся точкой пересечения серединных перпендикуляров;

центр окружности, вписанной в треугольник, являющийся точкой пересечения его биссектрис;
центр тяжести треугольника, являющийся точкой пересечения его медиан.

В **прямоугольном** треугольнике две стороны, образующие прямой угол, называются **катетами**, а сторона противолежащая прямому углу, называется **гипотенузой.**

Merkwürdige Dreieckspunkte:

In jedem Dreieck gibt es vier merkwürdige Punkte:
einen **Höhenschnittpunkt**;
einen **Umkreismittelpunkt** als Schnittpunkt der Mittelsenkrechten;

einen **Inkreismittelpunkt** als Schnittpunkt der Innenwinkelhalbierenden;

einen **Schwerpunkt** als Schnittpunkt der Seitenhalbierenden.

Im **rechtwinkligen** Dreieck heißen die beiden Seiten, die den rechten Winkel einschließen, **Katheten**, die dem rechten Winkel gegenüberliegende Seite **Hypotenuse.**

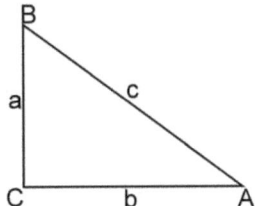

Теорема Пифагора:
В прямоугольном треугольнике квадрат гипотенузы равен сумме квадратов катетов

Satz von Pythagoras:
Im rechtwinkligen Dreieck ist die Summe der Quadrate über den Katheten gleich dem Quadrat über der Hypotenuse

$$c^2 = a^2 + b^2$$

Обратная теорема:
Если в треугольнике выполняется условие $c^2 = a^2 + b^2$, то такой треугольник **прямоугольный.**

Kehrsatz (zum Satz des Pythagoras):
Wenn in einem Dreieck $c^2 = a^2 + b^2$ gilt, dann hat das Dreieck einen **rechten Winkel.**

Свойства катетов:
В прямоугольном треугольнике с высотой опущенной на гипотенузу, квадрат катета равен произведению гипотенузы на прилежащий отрезок гипотенузы.

Kathetensätze:
Im rechtwinkligen Dreieck ist das Quadrat über einer Kathete gleich dem Rechteck aus der Hypotenuse und dem anliegenden Hypotenusenabschnitt.

Свойство высоты:
В прямоугольном треугольнике с высотой опущенной на гипотенузу, квадрат высоты равен произведению отрезков гипотенузы.

Höhensatz:
Im rechtwinkligen Dreieck ist das Quadrat über der Höhe gleich dem Rechteck aus den beiden Hypotenusenabschnitten.

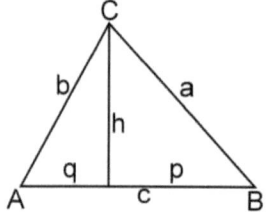

$$a^2 = c*p$$

$$b^2 = c*q$$

$$h^2 = p*q$$

В **равностороннем треугольнике** со стороной **a** высота определяется по формуле

Im **gleichseitigen Dreieck** mit der Seite **a** gilt für die Höhe

$$h = \frac{a}{2}\sqrt{3}$$

Площадь треугольника
Площадь треугольника равна половине произведения его стороны на высоту, проведённую к этой стороне

Flächeninhalt
Die Fläche eines Dreiecks berechnet sich als die Hälfte von dem Produkt aus der Grundlinie und Höhe

$$A = \frac{1}{2}a*h_a = \frac{1}{2}b*h_b = \frac{1}{2}c*h_c$$

3.3 Четырёхугольники

Vierecke

Четырёхугольником называется
фигура, которая состоит из четырёх точек
и четырёх последовательно соединяющих
их отрезков.
Отрезки, соединяющие противолежащие
вершины четырёхугольника, называются
диагоналями.

Vier Seitenlängen, die je zwei Punkte aus vier
Punkten verbinden, bilden eine Figur die das
Viereck heißt.

Die Strecken zwischen gegenüberliegende
Punkte des Vierecks heißen **Diagonalen.**

Сумма углов четырёхугольника равна
360°.

Die **Winkelsumme** im Viereck beträgt 360°.

Четырёхугольник, у которого все углы
прямые и равны (=90°) называется
п**рямоугольником**.
Противолежащие стороны
прямоугольника равны.
Диагонали прямоугольника равны.

Vierecke mit vier gleich großen Winkeln
(=90°) heißen **Rechtecke.**
Die Gegenseiten des Rechtsecks sind gleich
lang.
Die Diagonalen des Rechtecks sind gleich
groß.

Общая длина четырёх сторон
прямоугольника называется **периметром**
прямоугольника.
Периметр прямоугольника в два раза
больше чем длина и ширина вместе.

Die Gesamtlänge der vier Seiten eines
Rechtecks heißt **Umfang** des Rechtecks.

Der Umfang eines Rechtecks ist doppelt so
groß wie Länge und Breite zusammen.

Четырёхугольник, у которого все стороны
равны, а также все углы равны, называется **квадратом**.

Vierecke mit vier gleich langen Seiten und
gleich großen Winkeln heißen **Quadrate.**

Четырёхугольник, у которого все стороны
равны называется **ромбом**.
Противолежащие углы у ромба равны.
Диагонали ромба являются биссектрисами
его углов и пересекаются под прямым
углом.

Vierecke mit vier gleich langen Seiten heißen
Rauten (Rhombus).
Die gegenüberliegenden Winkel der Raute sind
gleich groß.
Die Diagonalen sind Winkelhalbierende und
sind senkrecht zueinander.

Четырёхугольник, у которого
протоволежащие стороны параллельны
называется **параллелограммом**.
Диагонали параллелограмма делятся в
точке пересечения пополам.
У параллелограмма противолежащие
стороны и противолежащие углы равны.

Vierecke mit jeweils parallelen gegenüberliegenden Seiten heißen **Parallelogramme.**

Die Diagonalen halbieren sich gegenseitig im
Schnittpunkt.
Im Parallelogramm sind gegenüberliegende
Seiten und gegenüberliegende Winkel gleich
groß.

Четырёхугольник, с двумя параллельными
протоволежащими сторонами называется
трапецией.
Эти параллельные стороны называются
основаниями трапеции. Две другие
стороны называются **боковыми
сторонами**.

Vierecke mit zwei parallelen gegenüberliegenden Seiten heißen **Trapez.**

Die parallelen Seiten heißen **Grundlinien** und
die zwei anderen **Schenkel.**

| Прямоугольник | Квадрат | Параллелограмм | Ромб | Трапеция |
| Rechteck | Quadrat | Parallelogramm | Raute | Trapez |

Четырёхугольник, вершины которого лежат на окружности, называется **вписанным** в окружность, а четырёхугольник, все стороны которого касаются окружности, называется **описанным** около окружности.

Во **вписанном** четырёхугольнике сумма противолежащих углов равна 180°, а в **описанном** четырёхугольнике суммы противолежащих сторон равны между собой.

Ein Viereck mit Umkreis heißt **Sehnenviereck**, ein Viereck mit Inkreis – **Tangentenviereck.**

Im **Sehnenviereck** ist die Gegenwinkelsumme gleich 180°, im **Tangentenviereck** ist die Summe zweier gegenüberliegenden Seiten gleich der Summe der anderen beiden Seiten.

Sehnenviereck/Вписанный четырёхугольник

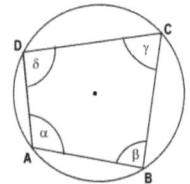

$$\alpha + \gamma = \beta + \delta = 180°$$

Tangentenviereck/Описанный четырёхугольник

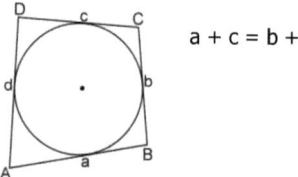

$$a + c = b + d$$

Площадь прямоугольника
Если длины сторон прямоугольника обозначить через a и b, то площадь прямоугольника вычисляется по формуле

Flächeninhalt eines Rechtecks
Haben die Seiten eines Rechtecks die Länge a und Breite b, so gilt für den Flächeninhalt

$$A_r = a * b$$

Площадь квадрата
Если длину стороны квадрата обозначить через a, то площадь квадрата вычисляется по формуле $A_q = a^2$.

Flächeninhalt eines Quadrats
Haben die Seiten eines Quadrats die Länge a, so gilt für den Flächeninhalt
$A_q = a^2$.

Площадь параллелограмма
Площадь параллелограмма равна произведению его стороны a на высоту h, проведённую к этой стороне, т. е. вычисляется по формуле $A_p = a * h$.

Flächeninhalt eines Parallelogramms
Misst man bei einem Parallelogramm die Längen einer Seite a und der zugehörigen Höhe h, so gilt für den Flächeninhalt
$A_p = a * h$.

Площадь трапеции
Площадь трапеции равна произведению полусуммы её оснований a и c на высоту h, то есть вычисляется по формуле:

Flächeninhalt eines Trapezes
Misst man die Grundseiten a und c sowie die Höhe h eines Trapezes, so gilt für den Flächeninhalt:

$$A_t = \frac{1}{2}(a + c)*h = m*h$$

$$m = \frac{1}{2}(a + c) - \text{средняя линия/Mittellinie}$$

3.4 Окружность

Окружностью называется фигура, которая состоит из всех точек плоскости, находящихся на данном расстоянии от данной точки. Эта точка называется **центром** окружности.

Расстояние от точек окружности до её центра называется **радиусом** окружности. Прямая, проходящая через две точки окружности, называется **секущей**.

Отрезок секущей, соединяющий две точки окружности, называется **хордой**.

Хорда, проходящая через центр окружности, называется **диаметром**; его длина в два раза больше радиуса.

Прямая, проходящая через точку окружности перпендикулярно к радиусу, проведённому в эту точку, называется **касательной**.

Из одной точки вне окружности можно провести к окружности два равных отрезка касательных.

Kreis

Der Kreis (Kreislinie) ist die Menge aller Punkte einer Ebene, die von einem festen Punkt dieser Ebene gleichen Abstand haben. Der feste Punkt heißt **Mittelpunkt** des Kreises.

Die Strecke vom Kreismittelpunkt zu einem Punkt der Kreislinie heißt **Radius**. Jede Gerade durch zwei Punkte der Kreislinie heißt **Sekante**.

Der Abschnitt einer Sekante, der nur zwei Punkte der Kreislinien enthält, heißt **Sehne**.

Die Sehne, die durch den Kreismittelpunkt verläuft, heißt **Durchmesser**; er ist doppelt so lang wie der Radius.

Geraden, die nur einen Punkt mit der Kreislinie gemeinsam haben, heißen **Tangenten**.

Von einem Punkt außerhalb eines Kreises aus kann man zwei gleich lange Tangentenstücke an einen Kreis legen.

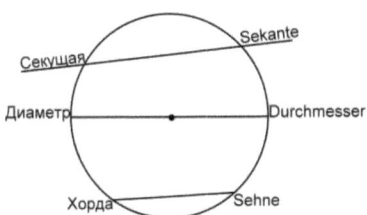

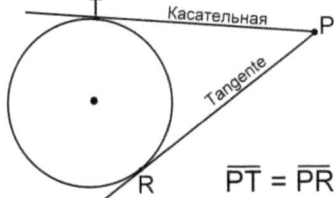

$$\overline{PT} = \overline{PR}$$

Теорема о секущих
Если из точки P вне окружности провести секущие через окружность, то **произведения** отрезков секущих из точки P к окружности **равны между собой.**

Sekantensatz
Zieht man von einem Punkt P außerhalb eines Kreises aus Sekanten, so sind die **Produkte** der Sekantenabschnitte bis zum Kreis **bei allen Sekanten gleich.**

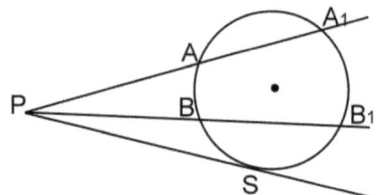

$$\overline{PA} * \overline{PA}_1 = \overline{PB} * \overline{PB}_1$$

$$\overline{PA} * \overline{PA}_1 = \overline{PS}^2$$

Теорема о касательной
Произведение отрезков секущих из P до окружности равно квадрату отрезка касательной из точки P к окружности.

Tangentensatz
Das Produkt der Sekantenabschnitte bis zum Kreis ist gleich dem Quadrat des Tangentenabschnittes von P bis zum Berührpunkt.

Теорема о хордах
Если две хорды пересекаются в точке P внутри окружности, то **произведения** отрезков каждой из хорд **равны между собой**

Sehnensatz
Zieht man durch einen Punkt P im Innern eines Kreises Sehnen, so sind die **Produkte** beider Sehnenabschnitte **bei allen Sehnen gleich**

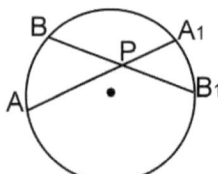

$$\overline{PA} * \overline{PA}_1 = \overline{PB} * \overline{PB}_1$$

Вписанный угол
Угол, вершина которого лежит на окружности, а стороны пересекают эту окружность, называется **вписанным** углом.

Вписанный угол измеряется половинной дуги, на которую он опирается.
Вписанный угол, опирающийся на диаметр окружности **прямой**.

Umfangswinkel (oder Peripheriewinkel)
Ein Winkel, der einen Bogen enthält und dessen Scheitel auf dem gegenüberliegenden Bogen liegt, heißt **Umfangswinkel** über dem Bogen.
Der Umfangswinkel über dem Bogen ist halb so groß wie der zugehörige Kreisbogen.
Jeder Umfangswinkel über einem Halbkreis ist ein **rechter Winkel**.

Следствие вписанных углов
Все вписанные в окружность углы, опирающиеся на одну и ту же дугу окружности, равны.

Satz vom Umfangswinkel
Alle Umfangswinkel über demselben Bogen sind gleich groß.

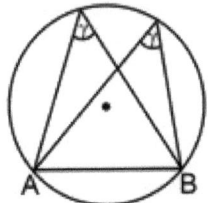

Центральный угол

Угол, вершина которого совпадает с центром данной окружности, называется **центральным углом**.
Дуга окружности и стороны центрального угла образуют круговой **сектор**.
Часть сектора, расположенной между дугой окружности и стягивающей её хордой, называется круговым **сегментом**.

Следствие центральных углов

В окружности центральный угол в два раза больше вписанного угла опирающегося на ту же дугу окружности.

Mittelpunktwinkel (oder Zentriwinkel)

Ein Winkel, dessen Scheitel des Kreismittelpunkt ist, heißt **Mittelpunktwinkel**.

Der Kreisbogen und die Schenkel des Mittelpunktwinkels bilden den **Kreissektor**.
Der Teil eines Kreissektors, der zwischen dem Kreisbogen und der Sehne, die den Kreisbogen bildet, liegt, heißt **Kreissegment**.

Satz vom Mittelpunktwinkel

In einem Kreis ist der Mittelpunktwinkel doppelt so groß wie jeder Umfangswinkel über demselben Bogen.

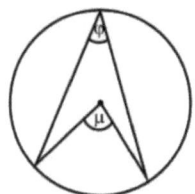

$$\mu = 2\varphi$$

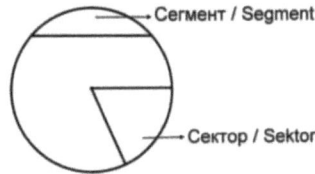

Сегмент / Segment

Сектор / Sektor

Длина окружности вычисляется по формуле:

Den **Umfang des Kreises** bestimmt man mit der Formel:

$$U = 2\pi r, \quad r - \text{радиус/Radius}$$

Площадь круга вычисляется по формуле:

Den **Flächeninhalt des Kreises** berechnet man mit der Formel:

$$A = \pi r^2$$

Длина дуги сектора с центральным углом μ вычисляется по формуле:

Ein **Kreissektor** mit dem Mittelpunktwinkel μ hat einen **Begrenzungsbogen** der Länge:

$$b = \mu : 360° * 2\pi r$$

Площадь сектора вычисляется по формуле:

Den **Flächeninhalt des Kreissektors** berechnet man mit der Formel:

$$A = \mu : 360° * \pi r^2$$

3.5 Тригонометрические функции

В прямоугольном треугольнике с гипотенузой **c** и катетами **a** и **b** **тригонометрические функции** – синус, косинус, тангенс и котангенс угла α определяются из соотношений:

$$\sin \alpha = \frac{a}{c} = \frac{\text{Противолежащий катет}}{\text{Гипотенуза}}$$

$$\cos \alpha = \frac{b}{c} = \frac{\text{Прилежащий катет}}{\text{Гипотенуза}}$$

$$\tan \alpha = \frac{a}{b} = \frac{\text{Противолежащий катет}}{\text{Прилежащий катет}}$$

$$\cot \alpha = \frac{b}{a} = \frac{\text{Прилежащий катет}}{\text{Противолежащий катет}}$$
$$= \frac{1}{\tan \alpha}$$

Winkelfunktionen

In einem rechtwinkligen Dreieck mit Hypotenuse **c** und Katheten **a** und **b** versteht man unter **Winkelfunktionen** – Sinus, Kosinus, Tangens und Kotangens des Winkels von α die Quotienten:

$$\sin \alpha = \frac{a}{c} = \frac{\text{Gegenkathete}}{\text{Hypotenuse}}$$

$$\cos \alpha = \frac{b}{c} = \frac{\text{Ankathete}}{\text{Hypotenuse}}$$

$$\tan \alpha = \frac{a}{b} = \frac{\text{Gegenkathete}}{\text{Ankathete}}$$

$$\cot \alpha = \frac{b}{a} = \frac{\text{Ankathete}}{\text{Gegenkathete}}$$
$$= \frac{1}{\tan \alpha}$$

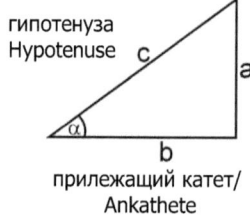

гипотенуза
Hypotenuse

противолежащий катет/
Gegenkathete

прилежащий катет/
Ankathete

В декартовой системе координат для точки на окружности с единичным радиусом применяют новые обозначения:

$\sin \alpha = y$ - равно измеренной величине ординаты
$\cos \alpha = x$ - равно измеренной величине абсциссы

Für die kartesischen Koordinaten eines Einheitskreises (r=1) verwendet man neue Bezeichnungen:

$\sin \alpha = y$ - gleich der Maßzahl der Ordinate

$\cos \alpha = x$ - gleich der Maßzahl der Abszisse

Свойства тригонометрических функций:
синус и косинус имеют период 2π
тангенс и котангенс имеют период π

Eigenschaften der trigonometrischen Funktionen:
Sinus und Kosinus haben die Periode 2π
Tangens und Kotangens haben die Periode π

$$\sin(-\alpha) = -\sin\alpha$$
$$\cos(-\alpha) = \cos\alpha$$
$$\sin(\alpha + 2\pi\kappa) = \sin\alpha \quad \kappa \in Z$$
$$\cos(\alpha + 2\pi\kappa) = \cos\alpha$$

$$\tan(-\alpha) = -\tan\alpha$$
$$\cot(-\alpha) = -\cot\alpha$$
$$\tan(\alpha + \pi\kappa) = \tan\alpha$$
$$\cot(\alpha + \pi\kappa) = \cot\alpha$$

Формулы приведения

$$\sin\alpha = \cos(90° - \alpha)$$
$$\cos\alpha = \sin(90° - \alpha)$$

Формулы, связывающие тригонометрические функции одного и того же аргумента:

$$\sin^2\alpha + \cos^2\alpha = 1$$
$$\tan\alpha = \frac{\sin\alpha}{\cos\alpha}$$
$$\cot\alpha = \frac{\cos\alpha}{\sin\alpha}$$

Формулы сложения и вычитания аргументов

Для тригонометрических функций сложения и вычитания двух любых аргументов α и β справедливо:

$$\sin(\alpha + \beta) = \sin\alpha\cos\beta + \cos\alpha\sin\beta$$
$$\sin(\alpha - \beta) = \sin\alpha\cos\beta - \cos\alpha\sin\beta$$
$$\cos(\alpha + \beta) = \cos\alpha\cos\beta - \sin\alpha\sin\beta$$
$$\cos(\alpha - \beta) = \cos\alpha\cos\beta + \sin\alpha\sin\beta$$

Формулы преобразования суммы тригонометрических функций

Для произвольных аргументов α и β справедливо:

Komplementbeziehungen

$$\tan\alpha = \cot(90° - \alpha)$$
$$\cot\alpha = \tan(90° - \alpha)$$

Zusammenhang zwischen den trigonometrischen Funktionen

Desselben Winkels:

$$1 + \tan^2\alpha = \frac{1}{\cos^2\alpha}$$
$$1 + \cot^2\alpha = \frac{1}{\sin^2\alpha}$$

Summensatz zweier Winkel

Für die Funktionen der Summe und Differenz zweier beliebigen Winkel α und β gilt:

$$\tan(\alpha + \beta) = \frac{\tan\alpha + \tan\beta}{1 - \tan\alpha\,\tan\beta}$$
$$\tan(\alpha - \beta) = \frac{\tan\alpha - \tan\beta}{1 + \tan\alpha\,\tan\beta}$$

Summensatz von trigonometrischen Funktionen

Für beliebige Argumente α , β gilt:

$$\sin\alpha + \sin\beta = 2\sin\frac{\alpha + \beta}{2}\cos\frac{\alpha - \beta}{2}$$

$$\sin\alpha - \sin\beta = 2\sin\frac{\alpha - \beta}{2}\cos\frac{\alpha + \beta}{2}$$

$$\cos\alpha + \cos\beta = 2\cos\frac{\alpha + \beta}{2}\cos\frac{\alpha - \beta}{2}$$

$$\cos\alpha - \cos\beta = -2\sin\frac{\alpha + \beta}{2}\sin\frac{\alpha - \beta}{2}$$

$$\tan\alpha \pm \tan\beta = \frac{\sin(\alpha \pm \beta)}{\cos\alpha\cos\beta}$$

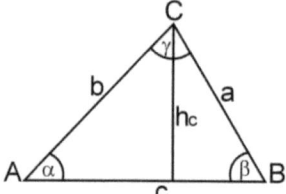

$$h_c = a \sin \beta = b \sin \alpha$$

Теорема синусов
Стороны треугольника пропорциональны синусам противолежащих углов:

Sinussatz
In jedem schiefwinkligen Dreieck verhalten sich die Seiten wie die Sinuswerte der Gegenwinkel:

$$\frac{a}{b} = \frac{\sin \alpha}{\sin \beta} \text{ ,} \qquad \frac{b}{c} = \frac{\sin \beta}{\sin \gamma} \text{ ,} \qquad \frac{c}{a} = \frac{\sin \gamma}{\sin \alpha}$$

Теорема косинусов
Квадрат любой стороны треугольника равен сумме квадратов двух других сторон без удвоенного произведения этих сторон на косинус угла между ними:

Kosinussatz
In jedem Dreieck ist der Quadrat einer Seite gleich der Summe der Quadrate der beiden anderen Seiten, vermindert um das doppelte Produkt aus diesen Seiten und dem Kosinus des von diesen Seiten eingeschlossenen Winkels:

$$a^2 = b^2 + c^2 - 2bc \cos \alpha$$
$$b^2 = a^2 + c^2 - 2ac \cos \beta$$
$$c^2 = a^2 + b^2 - 2ab \cos \gamma$$

Формулы двойного угла:

$$\sin 2\alpha = 2 \sin\alpha \cos\alpha$$
$$\cos 2\alpha = \cos^2 \alpha - \sin^2 \alpha =$$
$$1 - 2\sin^2 \alpha = 2\cos^2 \alpha - 1$$

Funktionen der doppelten Winkel:

$$\tan 2\alpha = \frac{2 \tan \alpha}{1 - \tan^2 \alpha} = \frac{2}{\cot \alpha - \tan \alpha}$$
$$\cot 2\alpha = \frac{\cot^2 \alpha - 1}{2 \cot \alpha} = \frac{\cot \alpha - \tan \alpha}{2}$$

Формулы половинного угла:

$$\sin \frac{\alpha}{2} = \sqrt{\frac{1 - \cos \alpha}{2}}$$
$$\cos \frac{\alpha}{2} = \sqrt{\frac{1 + \cos \alpha}{2}}$$

Funktionen der halben Winkel:

$$\tan \frac{\alpha}{2} = \sqrt{\frac{1 - \cos \alpha}{1 + \cos \alpha}} = \frac{1 - \cos \alpha}{\sin \alpha} = \frac{\sin \alpha}{1 + \cos \alpha}$$
$$\cot \frac{\alpha}{2} = \sqrt{\frac{1 + \cos \alpha}{1 - \cos \alpha}} = \frac{1 + \cos \alpha}{\sin \alpha} = \frac{\sin \alpha}{1 - \cos \alpha}$$

3.6 Преобразование подобия

Zentrische Streckungen

Отображение, которое каждую точку **P** на плоскости переводит в точку **P′**, называется **преобразованием подобия** с центром преобразования **S** и коэффициентом подобия **k > 0**, если выполняется:

Eine Abbildung, die jedem Punkt **P** der Ebene einen Bildpunkt **P′** zuordnet, heißt **zentrische Streckung** mit dem Streckungszentrum **S** und dem Streckungsfaktor **k > 0**, wenn gilt:

a) **P′** лежит на исхожящей из **S** полупрямой и проходящей через точку **P**
b) **SP′ = k*SP**

a) **P′** liegt auf der von **S** ausgehenden Halbgeraden durch **P**
b) **SP′ = k*SP**

Если коэффициент подобия **k < 0**, тогда точка **P′** расположена с другой стороны от **S** и центр преобразования **S** лежит между точками **P** и **P′**.

Ist der Streckungsfaktor **k < 0**, dann liegt der Bildpunkt **P′** auf der anderen Seite von **S** und der Streckungszentrum **S** liegt zwischen Punkten **P** und **P′**.

С помощью преобразования подобия образуются **подобные** фигуры.

Durch eine zentrische Streckung entstehen **ähnliche** Figuren.

Если коэффициент подобия больше единицы (k > 1), то образ фигуры **увеличивается**, если 0 < k < 1, то образ фигуры **уменьшается**.

Ist der Streckungsfaktor größer als eins (k > 1), dann wird die Figur **vergrößert**, ist 0 < k< 1, dann wird die Figur **verkleinert**.

Если коэффициент подобия k <-1, то образ фигуры **увеличивается** с другой стороны от S; если -1< k < 0, то образ фигуры **уменьшается** с другой стороны от S; если k = -1, тогда получим **симметрию относительно точки** (центральная симметрия).

Ist der Streckungsfaktor k <-1, dann wird die Figur auf der anderen Seite von S **vergrößert**; ist -1< k< 0, dann wird die Figur auf der anderen Seite von S **verkleinert**; ist k = -1, dann gibt es eine **Punktspiegelung**.

При преобразовании подобия прямая **g** переходит в **параллельную** к ней прямую **g′**.

Bei einer zentrischen Streckung ist das Bild einer Geraden **g** eine zu **g parallele** Gerade **g′**.

Преобразование подобия **сохраняет углы** между полупрямыми.

Zentrische Streckungen sind **winkel**(weiten)-**treu**.

Первая теорема о лучах
Если две полупрямые, исходящие из одного пункта, пересекаются двумя параллельными прямыми, то отношение **отрезков на одной полупрямой** равно отношению **отрезков на другой полупрямой**.

1. Strahlensatz
Werden zwei von einem Punkt ausgehende Strahlen von zwei Parallelen geschnitten, so verhalten sich die **Abschnitte auf dem einen Strahl** wie die **Abschnitte auf dem anderem**.

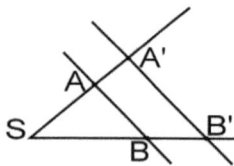

$$\frac{\overline{AA'}}{\overline{SA}} = \frac{\overline{BB'}}{\overline{SB}}$$

Вторая теорема о лучах
Если две полупрямые, исходящие из одного пункта, пересекаются двумя параллельными прямыми, то отношение **отрезков на параллельных прямых** равно отношению **соответствующих отрезков на других полупрямых**.

2. Strahlensatz
Werden zwei von einem Punkt ausgehende Strahlen von zwei Parallelen geschnitten, so verhalten sich die **Abschnitte auf den Parallelen** wie die **von S aus** gemessenen entsprechenden **Abschnitten auf jedem Strahl**.

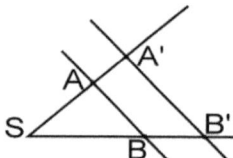

$$\frac{\overline{A'B'}}{\overline{AB}} = \frac{\overline{SA'}}{\overline{SA}} = K$$

$$\frac{\overline{A'B'}}{\overline{AB}} = \frac{\overline{SB'}}{\overline{SB}} = K$$

Запомни: Первая теорема говорит об отрезках на полупрямых, а вторая – об отрезках на параллельных прямых.

Преобразование подобия сохраняет **углы** между полупрямыми и **отношения длин** отрезков.

Если многоугольник с площадью **A** преобразуется с коэффициентом подобия **k**, то для площади преобразованного многоугольника выполняется **A` = k²A**.

Merke: Der 1. Strahlensatz handelt von den Abschnitten auf den Strahlen, der 2. Strahlensatz von den Abschnitten auf den Parallelen.

Zentrische Streckungen sind **winkeltreu** und **längenverhältnistreu**.

Wird ein Vieleck mit dem Flächeninhalt **A** durch eine zentrische Streckung mit dem Streckungsfaktor **k** abgebildet, so gilt für den Flächeninhalt **A'** des Bildvielecks **A' = k²A**.

3.7 Тела и объёмы

Körper und Volumen

Множество всех точек, прямых и плоскостей трёхмерного пространства, которые расположены внутри полностью ограниченной части этого пространства, образуют **тело**. Сумма всех плоскостей, ограничивающих тело, называется **поверхностью**. Величина этого тела, ограниченного поверхностью, называется **объёмом**.

Поверхность тела состоит из суммы площадей отдельных граничных поверхностей.

Die Menge aller Punkte, Geraden und Ebenen des dreidimensionalen Raumes, die innerhalb eines vollständig abgeschlossenen Teiles dieses Raumes liegen, bilden einen **Körper**. Die Summe der Begrenzungsflächen des Körpers heißt **Oberfläche**. Die Größe des Raumes, der von den Begrenzungsflächen des Körpers eingeschlossen wird, heißt **Rauminhalt** oder **Volumen**.
Die Oberfläche wird als Summe der Inhalte der einzelnen Begrenzungsflächen gebildet.

Параллелепипед

Quader

Тела, ограниченные шестью плоскими прямоугольниками, называются **прямоуголными параллелепипедами**. Прямоугольный параллелепипед определён через его длину, ширину и высоту. Если рёбра прямоугольного параллелепипеда заданы через **a, b** и **c**, то **полная поверхность O** и **объём V** вычисляются по формулам:

Körper, die von sechs rechteckigen Flächen begrenzt werden, heißen **Quader.**
Ein Quader ist durch Länge, Breite und Höhe bestimmt.

Haben die Kanten des Quaders die Längen **a, b** und **c** so ergibt sich für seine **Oberfläche O** und das **Volumen V:**

$$O = 2*(a*b +a*c +b*c)$$
$$V = a*b*c$$

Куб

Würfel

Кубом называется прямоугольный параллелепипед, у которого все рёбра равны. **Полная поверхность O** и **объём V** вычисляются по формулам

Würfel sind besondere Quader, bei denen Länge, Breite und Höhe gleichgroß sind.
Für die **Oberfläche O** und das **Volumen V** ergibt sich

$$O = 6*a^2$$
$$V = a^3$$

Призма

Prisma

Призмой называется многогранник, который состоит из двух равных и параллельных многоугольников и столько параллелограммов, сколько сторон у каждого многоугольника имеется. Многоугольниками называются **основаниями** призмы. Сумма всех боковых параллелограммов называется **боковой поверхностью**. Расстояние между плоскостями оснований призмы является её **высотой**.

Ein **Prisma** ist ein Vielflach, dessen Oberfläche aus zwei kongruenten und parallel liegenden Vielecken und aus ebenso vielen Parallelogrammen besteht, als jedes Vieleck Seiten hat.
Die Vielecke heißen **Grundfläche** und **Deckfläche**. Die Summe der Seitenflächen heißt **Mantelfläche**.
Die Entfernung von Grundfläche und Deckfläche ist die **Höhe**.

Призма называется **треугольной, четырёхугольной** итд., если её основанием является треугольник, четырёхугольник итд.

Ein Prisma heißt **dreiseitig, vierseitig** usw., wenn seine Grundflächen Dreiecke, Vierecke usw. sind.

Полная поверхность О и **объём V** вычисляются по формулам

Für die **Oberfläche O** und das **Volumen V** ergibt sich

$$O = 2*G + M$$
$$V = G*h$$

h – Prismenhöhe/высота призмы.
G – Grundfläche/площадь основания
M – Mantelfläche/боковая поверхность

Пирамида

Pyramide

Тела, основанием которых является многоугольник, а боковые грани пересекаются в одной точке (вершине), называются **пирамидами**. Боковые грани пирамид являются треугольниками и образуют **боковую поверхность** пирамиды.
У **правильной пирамиды** все боковые грани равны, а основанием является правильный многоугольник,

Körper, die ein Vieleck als Grundfläche haben und bei denen die Seitenkanten in einem Punkt (der Spitze) zusammentreffen, heißen **Pyramiden**. Die Seitenflächen von Pyramiden sind Dreiecke und bilden die **Mantelfläche** der Pyramide.
Bei **regelmäßigen Pyramiden** sind alle Seitenkanten gleichlang, und die Grundfläche ist ein regelmäßiges Vieleck.

Пирамида называется **треугольной, четырёхугольной** итд., если её основанием является треугольник, четырёхугольник итд.

Eine Pyramide heißt **dreiseitig, vierseitig** usw., wenn ihre Grundfläche ein Dreieck, Viereck usw. sind.

Полная поверхность О и **объём V** вычисляются по формулам

Für die **Oberfläche O** und das **Volumen V** ergibt sich

$$O = G + M$$
$$V = \frac{1}{3} G*h$$

G – Grundfläche/площадь основания
M – Mantelfläche/боковая поверхность
h – Pyramidenhöhe/высота пирамиды

Для вычисления **усечённой пирамиды** с основаниями **G** и **D** справедливо

Für Berechnungen am **Pyramidenstumpf** mit der Grundfläche **G** und der Deckfläche **D** gilt

$$O = G + D + M$$
$$V = \frac{h}{3} *(G + \sqrt{G*D} + D)$$

Конус

Kegel

Круговой конус имеет основанием круг. Его все образующие сходятся в вершине вместе. Если вершина конуса расположена перпендикулярно к центру этого круга, то конус называется **прямым**. Во всех других случаях он называется **наклонным**.

Kreiskegel haben einen Kreis als Grundfläche. Alle Mantellinien treffen in der Spitze zusammen. Liegt die Spitze des Kegels senkrecht über dem Mittelpunkt des Grundkreises, so heißt der Kegel **gerade**. In allen anderen Fällen heißt er **schief**.

Для **полной O** и **боковой поверхности M** и **объёма V** конуса с радиусом круга **r** и высотой **h** справедливы формулы

Für die **Oberfläche O, Mantelfläche M** und das **Volumen V** des Kegels mit der Höhe **h** und dem Radius **r** des Kreises ergibt sich

$$O = G + M$$
$$V = \frac{1}{3}\ \pi \ast r^2 \ast h$$

$G = \pi \ast r^2$ - Grundfläche/площадь основания
$M = \pi \ast r \ast s,\quad s = \sqrt{r^2 + h^2}$
Mantelfläche/боковая поверхность

Цилиндр

Zylinder

Тело, полученное при вращении прямоугольника вокруг одной из его сторон как оси, называется круговым цилиндром (или **цилиндром**).

Ein Körper, der beim Drehen eines Rechtecks um seine Seite als Achse entsteht, heißt Kreiszylinder (oder einfach **Zylinder**).

Если у цилиндра его образующие перпендикулярны плоскостям оснований, то его называют **прямым**. Во всех других случаях цилиндр называют **наклонным**.

Stehen bei einem Zylinder die Mantellinien senkrecht auf der Grundfläche und der Deckfläche, so nennt man diesen Zylinder **gerade**. In allen anderen Fällen heißt der Zylinder **schief**.

Для **полной O** и **боковой поверхности M** и **объёма V** цилиндра с радиусом круга **r** и высотой **h** справедливы формулы:

Für die **Oberfläche O, Mantelfläche M** und das **Volumen V** eines Zylinders mit dem Radius **r** der Kreisfläche und Höhe **h** gilt:

$$M = 2 \ast \pi \ast r \ast h$$
$$O = 2 \ast G + M = 2 \ast \pi \ast r \ast (r + h)$$
$$V = \pi \ast r^2 \ast h$$

Шар

Kugel

При вращении круга или полукруга вокруг его диаметра, линия окружности описывает шаровую поверхность или **сферу**. Тело, полностью ограниченное шаровой поверхностью, называется **шаром**.

Wird ein Kreis oder ein Halbkreis um seinen Durchmesser gedreht, so beschreibt die Kreisperipherie eine **Kugelfläche**. Der von der Kugelfläche vollständig abgeschlossene Teil des Raumes heißt **Kugel**.

Поверхность O и **объём V** шара с радиусом **r** вычисляются по формулам:

Für die **Oberfläche O** und das **Volumen V** mit dem Radius **r** der Kugel gilt:

$$O = 4 \ast \pi \ast r^2$$
$$V = \frac{4}{3} \ast \pi \ast r^3$$

4 Анализ

Analysis

4.1 Числовые последовательности и ряды

Zahlenfolgen und Reihen

Под числовой последовательностью понимают упорядоченное множество чисел. Упорядоченная числовая последовательность (a_k) есть отображение множества натуральных чисел $k \in N$ на подмножество действительных чисел R, при котором требуется соблюдение очерёдности чисел.

Unter einer Zahlenfolge versteht man eine geordnete Menge von Zahlen.
Eine geordnete Zahlenfolge (a_k) ist eine Abbildung der Menge der natürlichen Zahlen $k \in N$ auf eine Teilmenge der reellen Zahlen R, wobei die Beibehaltung der Reihenfolge gefordert wird.

Числа a_k называются членами последовательности. Если задано конечное число членов, то говорят о **конечной** последовательности. Если нет последнего члена, то говорят о **бесконечной** последовательности.

Die Zahlen a_k heißen Glieder der Folge.
Endliche Folgen brechen nach dem letzten Glied ab.
Unendliche Folgen haben kein letztes Glied.

$$(a_k): 1; 2; 3; 4; ...; 15$$
$$(a_k): 1; 4; 9; 16;$$

Последовательность (a_k) называется **неубывающей**, если $a_k \leq a_{k+1}$ и **невозрастающей** если $a_k \geq a_{k+1}$ для любого к.
Последовательность (a_k) называется **возрастающей**, если каждый её член больше предыдущего, т.е. $a_k < a_{k+1}$ и **убывающей**, если каждый её член меньше предыдущего, т.е. $a_k > a_{k+1}$ для любого к.

Eine Folge (a_k) heißt **monoton steigende** (wachsende), wenn $a_k \leq a_{k+1}$ und **monoton fallende**, wenn $a_k \geq a_{k+1}$ für alle k gilt.

Eine Folge (a_k) heißt **streng monoton steigende**, wenn $a_k < a_{k+1}$, und **streng monoton fallende**, wenn $a_k > a_{k+1}$ für alle k gilt.

Последовательность (a_k) называется **ограниченной сверху**, если существует такое число $S \in R$, что выполняется $a_k \leq S$ и **ограниченной снизу**, если существует такое число $s \in R$, что выполняется $a_k \geq s$ для всех к.
Наименьшее из ограничений сверху число **S** называют **верхней границей**, а наибольшее из ограничений снизу число **s** называют **нижней границей.**

Eine Folge (a_k) heißt **nach oben beschränkt**, wenn es eine Zahl $S \in R$ gibt mit $a_k \leq S$, und **nach unten beschränkt,** wenn es eine Zahl $s \in R$ gibt mit $a_k \geq s$ für alle k.

Die kleinste obere Schranke nennt man **obere Grenze S** und die größte untere Schranke bezeichnet man als **untere Grenze s.**

Конечные последовательности всегда ограничены, а бесконечные последовательности могут быть неограниченными.

Endliche Folge sind immer beschränkt, unendliche Folge hingegen können unbeschränkt sein.

Последовательность (a_k), у которой любые следующие друг за другом члены отличаются на постоянное число **d,** называется **арифметической прогрессией:**

Eine Folge (a_k), bei der alle aufeinanderfolgende Glieder den gleichen Abstand (Differenz) **d** haben, heißt **arithmetische Folge**:

$a_{k+1} - a_k = d, k \in N$ $a_{k+1} - a_k = d$ für alle $k \in N$

$$a_2 = a_1 + d$$
$$a_3 = a_2 + d = a_1 + 2d$$
$$a_4 = a_3 + d = a_1 + 3d$$

$$a_n = a_1 + (n-1)d$$

$$(a_k): \ 3, 5, 7, 9, \ldots$$

$$a_1 = 3; \ d = 2$$

При $d>0$ арифметическая прогрессия **возрастает**, а при $d<0$ **убывает**.	Für $d>0$ ist die arithmetische Folge streng monoton **zunehmend** und für $d<0$ streng monoton **abnehmend**.
Последовательность (a_k), у которой отношение всех следующих друг за другом членов равно постоянному числу **q**, называется **геометрической прогрессией**: $a_{k+1} : a_k = q, k \in N$	Eine Folge (a_k), bei welcher der Quotient **q** zweier aufeinanderfolgender Glieder konstant ist, heißt **geometrische Folge**: $a_{k+1} : a_k = q$ für alle $k \in N$

$$a_2 = a_1 * q$$
$$a_3 = a_2 * q = a_1 * q^2$$
$$a_4 = a_3 * q = a_1 * q^3$$

$$a_n = a_1 * q^{n-1}$$

$$(a_n): 1, 3, 9, 27, \ldots$$

$$a_1 = 1; \ q = 3$$

При $a_1 > 0$ и $q > 1$ геометрическая прогрессия **возрастает**.	Für $a_1 > 0$ und $q > 1$ ist die geometrische Folge streng monoton **zunehmend**.
Сумма слагаемых последовательности называется **„рядом"**. Последовательность (s_n): a_1, $a_1 + a_2$,..., $a_1 + a_2 + \ldots + a_n$, ... **частичных сумм** называют относительно последовательности (a_k) **рядом**.	Eine Summe von Gliedern einer Folge nennt man **„Reihe"**. Die Folge (s_n): a_1, $a_1 + a_2$,..., $a_1 + a_2 + \cdots + a_n$, ... der **Teilsummen** von (a_k) nennt man die zur Folge (a_k) gehörende **Reihe**.

$$s_n = a_1 + a_2 + \ldots + a_n = \sum a_k$$

                                   $(a_k): \ 1, 3, 5, 7, \ \ldots$
                                   $s_1 = 1; \ s_2 = 4; \ s_3 = 9; \ s_4 = 16; \ \ldots$

Для **суммы** n первых членов арифметической прогрессии справедливо:	Für die **Summe** der ersten n Gliedern einer arithmetischen Reihe gilt:

$$s_n = \frac{n}{2} * (a_1 + a_n) = \frac{n}{2} * [2a_1 + (n-1)*d]$$

Пример: Сумма первых десяти членов прогрессии	**Beispiel**: Summe der ersten 10 Zahlen der Folge

56

$$(a_k): 1, 3, 5, 7, 9, 11, 13, 15, 17, 19$$
$$a_1 = 1; d = 2; n = 10;$$

равна: ist gleich:

$$s_{10} = \frac{10}{2} * [2*1 + (10-1)*2] = 100$$

К геометрической прогрессии $a_1, a_1q, a_1q^2,..$ относятся частичные суммы:	Zur geometrischen Folge $a_1, a_1q, a_1q^2, \ldots$ gehören die Teilsummen:

$$s_n = a_1 + a_1q + a_1q^2 + \ldots + a_1q^{n-1}$$

Для **суммы** n первых членов геометрической прогрессии справедливо:	Für die **Summe** der ersten n Gliedern einer geometrischen Reihe gilt:

$$s_n = a_1 * \frac{(q^n-1)}{q-1}, \quad n \in N, q \neq 1$$

Бесконечный ряд (a_k) **сходится**, если частичные суммы (s_k) сходятся к пределу $\lim s_n = s$.	Eine unendliche Reihe (a_k) ist **konvergent**, wenn die Teilsummenfolge (s_n) den Grenzwert $\lim s_n = s$ besitzt.
Бесконечный геометрический ряд сходится только при $|q| < 1$ к значению:	Eine unendliche geometrische Reihe konvergiert nur für $|q| < 1$ gegen den Wert:

$$S = \frac{a_1}{1-q}$$

Для $|q| > 1$ бесконечные геометрические прогрессии не имеют суммы (расходятся).	Für $|q| > 1$ haben die unendlichen geometrischen Reihen keine Summe.
Если знаменатель геометрической прогрессии q=1, тогда частичные суммы равны:	Ist der Quotient der geometrischen Folge q=1, dann ist die Teilsumme gleich:

$$s_n = a_1 + a_1 + a_1 + \ldots + a_1 = n*a_1$$

Пример: Сумма первых пяти членов прогрессии	**Beispiel**: Summe der ersten 5 Zahlen der Folge

$$a_1 = 2 \qquad q = 0,5$$

равна: ist gleich:

$$s_5 = \frac{2*(0,5^5-1)}{0,5-1} = \frac{31}{8} = 3\frac{7}{8}$$

Последовательность чисел (a_k) **сходится к 0**, если для любого числа $\varepsilon > 0$ найдётся такое натуральное число $N(\varepsilon)$, что для всех	Eine Zahlenfolge (a_k) heißt **Nullfolge**, wenn sich für jedes reelle $\varepsilon > 0$ eine natürliche Zahl $N(\varepsilon)$ angeben lässt, so das für alle $n > N(\varepsilon)$

n> N(ε) выполняется: $|a_n| < \varepsilon$.

Число **a** является **пределом** последовательности (a_k), если для любого числа $\varepsilon > 0$ найдётся такое натуральное число N(ε), что для всех n> N(ε) выполняется:

gilt: $|a_n| < \varepsilon$.

Die Zahl **a** ist **Grenzwert** der Folge (a_k), wenn es zu jedem $\varepsilon > 0$ eine natürliche Zahl N(ε) gibt, so dass für alle n> N(ε) gilt :

$$|a_n - a| < \varepsilon$$

Пишут, $\lim\limits_{n\to\infty} a_n = a$ и говорят, что последовательность (a_n) при $n \to \infty$ сходится к пределу a.

Man schreibt $\lim\limits_{n\to\infty} a_n = a$ („Limes der Folge (a_n) für n gegen Unendlich ist gleich a").

Последовательности, которые имеют предел, называются **сходящимися**. Последовательности, которые не имеют конечного предела, называются **расходящимися**.

Folgen, die einen Grenzwert **a** besitzen, heißen **konvergent**. Folgen ohne (endlichen) Grenzwert nennt man **divergent**.

Если предел последовательности существует, то он однозначно определён.

Der Grenzwert einer Folge ist, wenn er existiert, eindeutig bestimmt.

Каждая **ограниченная** сверху (снизу) неубывающая (невозрастающая) последовательность является сходящейся. Её **пределом** является верхняя (нижняя) граница последовательности.

Jede nach oben (unten) **beschränkte** und **monoton** wachsende (fallende) Zahlenfolge ist konvergent. Ihr **Grenzwert** ist die obere (untere) Grenze der Folge.

Критерий сходимости Коши

Cauchysches Konvergenzkriterium

Для сходимости последовательность (a_n) необходимо и достаточно, чтобы для любого $\varepsilon > 0$ существовало такое число N(ε), что для всех $k, l \geq$ N(ε) справедливо неравенство $|a_k - a_l| < \varepsilon$.

Die Folge (a_n) ist genau dann konvergent, wenn es zu jedem beliebig kleinen $\varepsilon > 0$ eine Zahl N(ε) gibt, so dass für alle $k, l \geq$ N(ε) $|a_k - a_l| < \varepsilon$ ist.

Теорема об операциях над пределами:

Hauptsatz für Folgen:

Если $\lim\limits_{n\to\infty} a_n = a$ и $\lim\limits_{n\to\infty} b_n = b$, то сходятся также последовательности:

Wenn $\lim\limits_{n\to\infty} a_n = a$ und $\lim\limits_{n\to\infty} b_n = b$, so konvergieren auch die Folgen:

$$\lim_{n\to\infty} (a_n + b_n) = \lim_{n\to\infty} a_n + \lim_{n\to\infty} b_n = a + b$$

$$\lim_{n\to\infty} (a_n - b_n) = \lim_{n\to\infty} a_n - \lim_{n\to\infty} b_n = a - b$$

$$\lim_{n\to\infty} (a_n * b_n) = \lim_{n\to\infty} a_n * \lim_{n\to\infty} b_n = a * b$$

$$\lim_{n\to\infty} (a_n : b_n) = \lim_{n\to\infty} a_n : \lim_{n\to\infty} b_n = a : b,$$
$$\text{falls } b_n{}^\wedge b \neq 0$$

4.2 Рациональные функции

Rationale Funktionen

Функция вида

Eine reelle Funktion

$$f(x) = a_n x^n + a_{n-1} x^{n-1} + \ldots + a_1 x + a_0, \quad (a_n \neq 0)$$

называется **целой рациональной функцией (многочленом)** n-го порядка или **полиномом n-ой степени**.

heißt **ganzrationale Funktion** n-ter Ordnung oder **Polynom n-tes Grades**.

называется **целой рациональной функцией (многочленом)** n-го порядка или **полиномом n-ой степени**.

heißt **ganzrationale Funktion** n-ter Ordnung oder **Polynom n-tes Grades**.

Целая рациональная функция n-ого порядка имеет не более **n корней**.

Eine ganzrationale Funktion der Ordnung n hat höchstens **n Nullstellen**.

Если x_N является корнем **нечётной кратности** функции f(x), то её график **пересекает** в точке $(x_n \mid 0)$ ось абсцисс.

Ist x_N **ungeradzahlige** Nullstelle von f(x), so **schneidet** der Funktionsgraph in Punkt $(x_n \mid 0)$ die X-Achse.

Если x_N является корнем **чётной кратности** функции f(x), то её график **касается** оси абсцисс в точке $(x_n \mid 0)$.
Примеры:

Ist x_N **geradzahlige** Nullstelle von f(x), so **berührt** der Funktionsgraph in Punkt $(x_n \mid 0)$ die X-Achse.
Beispiele:

$$f_1(x) = x^4 - 6x^3 + 12x^2 - 8x = x*(x-2)^3$$

График пересекает ось абсцисс в точках $x_1 = 0$ и $x_2 = 2$.

Der Funktionsgraph schneidet die X-Achse in Nullstellen $x_1 = 0$ und $x_2 = 2$.

$$f_2(x) = x^3 - 27x + 54 = (x-3)^2(x+6)$$

График пересекает ось абсцисс в точке $x_1 = -6$ и касается оси в точке $x_2 = 3$.

Der Funktionsgraph schneidet die X-Achse in Nullstelle $x_1 = -6$ und berührt in Punkt $x_2 = 3$ die X-Achse.

Функция f(x) называется **симметричной относительно оси Y**, если для всех $x \in D_f$ справедливо

Eine Funktion f(x) heißt **achsensymmetrisch zur Y-Achse**, wenn für alle $x \in D_f$

$$f(x) = f(-x)$$

Целые рациональные функции, выражения которых содержат только чётные степени, являются симметричными относительно оси Y. Такие функции называются **чётными функциями**.
Пример:

Ganzrationale Funktionen, deren Funktionsterm nur gerade Exponenten der Variablen enthält, sind achsensymmetrisch zur Y-Achse. Solche Funktionen heißen auch **gerade Funktionen**.
Beispiel:

$$f(x) = 3x^4 - 2x^2 + 5$$
$$f(-x) = 3(-x)^4 - 2(-x)^2 + 5 =$$
$$3x^4 - 2x^2 + 5 = f(x)$$

Функция f(x) является симметричной относительно оси ординат.

Funktion f(x) ist achsensymmetrisch.

Функция f(x) называется **симметричной относительно начала координат**, если для всех $x \in D_f$ справедливо:

Eine Funktion f(x) heißt **punktsymmetrisch zum Koordinatenursprung**, wenn für alle $x \in D_f$ gilt:

$$f(x) = -f(-x)$$

Целые рациональные функции, выражения которых содержат только нечётные степени, являются симметричными относительно начала координат. Такие функции называются **нечётными функциями**.

Ganzrationale Funktionen, deren Funktionsterm nur ungerade Exponenten der Variablen enthält, sind punktsymmetrisch zum Koordinatenursprung. Solche Funktionen heißen auch **ungerade Funktionen.**

$$f(x) = 3x^3 + 4x$$
$$f(-x) = 3(-x)^3 + 4(-x) = -3x^3 - 4x =$$
$$-(3x^3 + 4x) = -f(x)$$

Функция f(x) является симметричной относительно начала координат.

Funktion f(x) ist Punktsymmetrisch zum Ursprung.

Целые рациональные функции, выражения которых содержат чётные и нечётные степени неизвестных, не являются симметричными функциями.

Ganzrationale Funktionen, deren Funktionsterm gerade und ungerade Exponenten der Variablen enthält, haben keine Symmetrie.

При стремлении $x \to \infty$ или $x \to -\infty$ целые рациональные функции не приближаются к пределу. Более того, они принимают **бесконечные пределы** $+\infty$ или $-\infty$.

Ganzrationale Funktionen nähern sich für $x \to \infty$ oder $x \to -\infty$ keinerlei Grenzwerten an. Vielmehr erhält man als Ergebnis **unendliche Grenzwerte** $+\infty$ oder $-\infty$.

Если $f_1(x)$ и $f_2(x)$ две целые рациональные функции, то

Sind $f_1(x)$ und $f_2(x)$ zwei ganzrationale Funktionen, so heißt

$$f(x) = \frac{f_1(x)}{f_2(x)}$$

называется **дробно-рациональной функцией**. Функция $f_1(x)$ называется **полиномом числителя**, а функция $f_2(x)$ - **полиномом знаменателя**.

gebrochenrationale Funktion. Die Funktion $f_1(x)$ heißt **Zählerpolynom**, und Funktion $f_2(x)$ - **Nennerpolynom**.

Значения неизвестных, в которых полином знаменателя обращается в нуль, называются **точками разрыва**.

Die Zahlen, bei denen das Nennerpolynom 0 wird, heißen **Definitionslücke**.

Точка разрыва дробно-рациональной функции f(x) называется **полюсом**.

Eine Definitionslücke einer gebrochen-rationalen Funktion f(x) heißt **Polstelle** (oder **Unendlichkeitstelle**).

Прямая, к которой график функции приближается при x→ ∞ или x→ - ∞, но не пересекает её или касается, называется **асимптотой**.

Eine Gerade, an die sich der Graph einer Funktion für x→ ∞ oder x→ - ∞ immer dichter annähert, ohne sie zu schneiden oder zu berühren, nennt man eine **Asymptote**.

Дробно-рациональные функции имеют в своих точках полюса **вертикальные асимптоты**, параллельные к оси Y.

Gebrochenrationale Funktionen haben an ihren Polstellen **senkrechte Asymptoten**, die parallel zur Y-Achse verlaufen.

При приближении к этой точке значения функции становятся всегда больше или всегда меньше (стремятся к +∞ или -∞).

Bei der Annäherung an diese Stelle werden die Funktionswerte immer größer oder immer kleiner (strebt gegen +∞ bzw. -∞).

Каждую дробно-рациональную функцию f(x) можно однозначно представить в виде суммы целой рациональной функции g(x) и дробно-рациональной функции h(x):
f(x)= g(x) +h(x).
Тогда график функции g(x) является **асимптотой** функции f(x).

Jede gebrochenrationale Funktion f(x) lässt sich eindeutig als Summe einer ganzrationalen Funktion g(x) und einer echt gebrochenrationalen Funktion h(x) darstellen:
f(x)= g(x) +h(x).
Dann heißt der Graph von g(x) **Asymptote** des Graphen von f(x).

$$f(x) = \frac{x^3 - 3x - 2}{2x^2 - 2x - 12} = \frac{(x+1)^2(x-2)}{2(x-3)(x+2)}$$

$$= (0{,}5x + 0{,}5) + \frac{4x + 4}{2x^2 - 2x - 12}$$

$$= (0{,}5x + 0{,}5) + \frac{2x + 2}{(x - 3)(x + 2)}$$

Асимптота g(x) = 0,5x + 0,5 является прямой с угловым наклоном равным 0,5. Полюсами являются точки $x_1 = 3$ и $x_2 = -2$. Корнями являются: $x_1 = -1$(двухкратно) и $x_2 = 2$.

Die Asymptote g(x) = 0,5x + 0,5 ist eine Gerade mit dem Steigungsfaktor 0,5. Die Pollstellen sind $x_1 = 3$ und $x_2 = -2$. Die Nullstellen sind: $x_1 = -1$ (zweifache) und $x_2 = 2$.

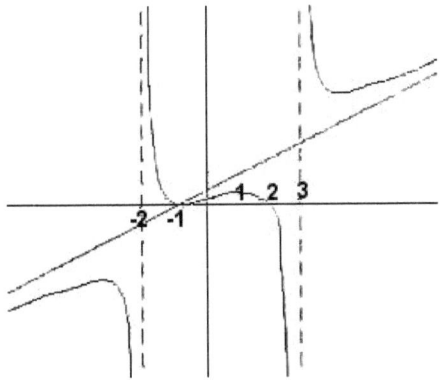

61

4.3 Пределы и непрерывность функций

Grenzwerte und Stetigkeit von Funktionen

Функция f(x), определённая в окрестности точки x_0, **сходится** при $x \rightarrow x_0$ к пределу a, если для любого положительного числа $\varepsilon > 0$ найдётся такое число $\delta(\varepsilon) > 0$, что для всех $x \in U_\delta(x_0)$ выполняется: $f(x) \in U_\varepsilon(a)$. Пишут:

Die Funktion f(x), die in einer punktierten Umgebung von x_0 definiert ist, **konvergiert** für $x \rightarrow x_0$ gegen den Grenzwert a, wenn es zu jedem $\varepsilon > 0$ ein $\delta(\varepsilon) > 0$ gibt, so dass für alle $x \in U_\delta(x_0)$ gilt: $f(x) \in U_\varepsilon(a)$. Man schreibt:

$$\lim_{x \rightarrow x_0} f(x) = a$$

Число a называется **пределом** функции f(x) в точке x_0, если для любой последовательности (x_n), при $x_n \in D(f)$ и $\lim_{n \rightarrow \infty} x_n = x_0$, выполняется:

a heißt **Grenzwert** der Funktion f(x) in x_0, wenn für alle Folgen (x_n) mit $x_n \in D(f)$ und $\lim_{n \rightarrow \infty} x_n = x_0$ gilt:

$$\lim_{n \rightarrow \infty} f(x_n) = a$$

Последовательность аргументов $(x_0 + h)$ обозначает приближение к точке x_0 справа и определяет **предел справа** f_{0r}, $(x_0 - h)$ обозначает приближение к точке x_0 слева и определяет **предел слева** f_{0l}.

Die Argumentenfolge $(x_0 + h)$ bedeutet eine Annäherung der Stelle x_0 von rechts und bestimmt den **rechtsseitigen Grenzwert** f_{0r}, $(x_0 - h)$ bedeutet eine Annäherung der Stelle x_0 von links und bestimmt den **linksseitigen Grenzwert** f_{0l}.

Если в точке $x_0 \in U_\varepsilon(x_0) \subseteq D(f)$ пределы функции слева и справа равны, то функция f имеет однозначное значение $f(x_0)$ и называется **непрерывной** в точке x_0.

Stimmen an einer Stelle $x_0 \in U_\varepsilon(x_0) \subseteq D(f)$ linksseitiger und rechtsseitiger Grenzwerte überein, so besitzt die Funktion f ein eindeutigen Funktionswert $f(x_0)$ und die Funktion heißt **stetig** in x_0.

$$\lim_{h \rightarrow 0} f(x_0 - h) = \lim_{h \rightarrow 0} f(x_0 + h) = \lim f(x_0)$$

Если в точке x_0 пределы функции только с одной стороны совпадают со значением функции, то говорят об **односторонней непрерывности**.

Stimmt an einer Stelle x_0 nur ein einseitiger Grenzwert mit dem Funktionswert überein, so spricht man von **einseitiger Stetigkeit**.

Функция f называется **непрерывной** (точнее „глобально непрерывной"), если она непрерывна в каждой точке интервала.

Die Funktion f heißt **stetig** (genauer „global stetig"), wenn f an jeder Stelle $x_0 \in D(f)$ stetig ist.

Теоремы о непрерывных функциях

Sätze für stetige Funktionen

Перестановка f и lim
Функция f является непрерывной в точке $x_0 \in D(f)$ тогда, когда для любой последовательности (x_n) при $\lim_{n \rightarrow \infty} x_n = x_0$ выполняется:

Vertauschbarkeit von f und lim
Die Funktion f ist in $x_0 \in D(f)$ genau dann stetig, wenn für jede Folge (x_n) mit $\lim_{n \rightarrow \infty} x_n = x_0$ gilt:

$$\lim_{n \to \infty} f(x_n) = f(\lim_{n \to \infty} x_n) = f(x_0)$$

Теорема о непрерывных функциях
Если функции $f(x)$ в $D(f)$ и $g(x)$ в $D(g)$ непрерывны, то это справедливо в общей области определения $D(f) \cap D(g)$ также для функций

Verknüpfungssatz
Sind die Funktionen $f(x)$ in $D(f)$ und $g(x)$ in $D(g)$ stetig, dann gilt dies im gemeinsamen Definitionsbereich $D(f) \cap D(g)$ auch für die Funktionen

$$f(x) + g(x)$$
$$f(x) - g(x)$$
$$f(x) * g(x)$$
$$\frac{f(x)}{g(x)} \ \text{mit } g(x) \neq 0$$

Непрерывность целых рациональных функций (полиномов)
Целые рациональные функции вида
$f(x) = a_n x^n + a_{n-1} x^{n-1} + ... + a_1 x + a_0$
с $a_i \in R^{\wedge} i \in \{0,1,...,n\}^{\wedge} a_n \neq 0$ являются для всех $x \in D(f)$ непрерывными функциями.

Говорят, что непрерывная функция $f(x)$ достигает на интервале $[a,b]$ своего **наибольшего (наименьшего)** значения, если существует точка $x_0 \in [a,b]$ такая, что выполняется неравенство

Stetigkeit von ganzrationalen Funktionen
Die ganzrationalen Funktionen
$f(x) = a_n x^n + a_{n-1} x^{n-1} + ... + a_1 x + a_0$
mit $a_i \in R^{\wedge} i \in \{0,1,...,n\}^{\wedge} a_n \neq 0$ sind für alle $x \in D(f)$ stetig.

Man sagt, eine stetige Funktion $f(x)$ erreicht im Intervall $[a,b]$ sein **Hochpunkt (Tiefpunkt)**, wenn so eine Stelle $x_0 \in [a,b]$ existiert, dass sich die Ungleichung erfüllt

$$f(x) \leq f(x_0) \quad (f(x) \geq f(x_0))$$

Наибольшее значение называют **максимум**, а наименьшее значение **минимум.**
Точки минимума и максимума объединяют общим названием точки **экстремума.**

Das größte Element bezeichnet man als **Maximum**, das kleinste als **Minimum**.
Minimum und Maximum nennt man zusammenfassend **Extremwerte** (Extrema).

Теорема об экстремумах
Если функция f непрерывна на замкнутом интервале $[a,b]$, то она там ограничена и достигает здесь своего минимума или максимума.

Extremwertsatz (Satz von Weierstraß)
Ist die Funktion f in einem abgeschlossenen Intervall $[a,b]$ stetig, dann ist sie dort beschränkt und hat hier immer ein Minimum oder Maximum.

Теорема о промежуточном значении
Если функция $f(x)$ непрерывна на интервале $[a,b]$, то для любого действительного числа C, заключённого между $f(a)$ und $f(b)$, найдётся не менее одной точки c из $[a,b]$, что

Zwischenwertsatz
Ist $f(x)$ im Intervall $[a,b]$ stetig, dann gibt es zu jedem reellen Wert C zwischen $f(a)$ und $f(b)$ mindestens ein Punkt c aus $[a,b]$, so dass

$$f(c) = C$$

Теорема Больцано
Если функция f непрерывна на интервале [a,b] и знаки значений f(a) и f(b) различны, то между точками a и b найдётся не менее одной точки x_0 в которой функция $f(x_0) = 0$.

Nullstellensatz (Satz von Bolzano)
Ist die Funktion f auf [a,b] stetig und sind die Vorzeichen von f(a) und f(b) verschieden, so existiert zwischen den Punkten a und b mindestens ein Punkt x_0, für den die Funktion $f(x_0) = 0$ ist.

4.4 Производная и исследование кривых

Ableitung und Kurvendiskussion

Функция f(x) называется **дифференцируемой** в точке $x_0 \in I$, если она определена и при $x \to x_0$ предел

Die Funktion f(x) heißt an der Stelle $x_0 \in I$ **differenzierbar**, wenn f(x) definiert ist und für $x \to x_0$ einen Grenzwert

$$f'(x_0) = \lim_{x \to x_0} \frac{f(x) - f(x_0)}{x - x_0}$$

существует.
Предел обозначается через $f^1(x_0)$ и называется **первой производной** функции f(x) в точке x_0.

besitzt.
Dieser mit $f^1(x_0)$ bezeichnete Grenzwert heißt **1.Ableitung** oder **Differentialquotient** der Funktion f(x) an der Stelle x_0..

Для разностного отношения, его предела, применяют обозначения:

Für den Differentialquotienten, den Grenzwert des Differentialquotienten, gibt es mehrere Bezeichnungen:

$$\lim_{x \to x_0} \frac{f(x) - f(x_0)}{x - x_0} = \lim_{h \to 0} \frac{f(x_0 \pm h) - f(x_0)}{\pm h} = f'(x_0) = \frac{df(x)}{dx}\Big|_{x_0}$$

Функция называется **дифференцируемой** в открытом интервале, если она во всех точках интервала дифференцируема.

Eine Funktion heißt in einem offenen Intervall **differenzierbar**, wenn sie an allen Stellen des Intervalls differenzierbar ist.

Теорема: Для дифференцируемости функции в точке x_0 необходимо чтобы она была в этой точке непрерывной.

Satz: Eine an der Stelle x_0 differenzierbare Funktion ist dort notwendig stetig.

Производные стандартных функций:

Ableitungen von Standartfunktionen:

$f(x) = c$	$f'(x) = 0$
$f(x) = x$	$f'(x) = 1$
$f(x) = x^2$	$f'(x) = 2x$
$f(x) = x^3$	$f'(x) = 3x^2$
$f(x) = x^n$	$f'(x) = nx^{n-1}$
$f(x) = \sqrt{x}$	$f'(x) = \dfrac{1}{2\sqrt{x}}$, $(x > 0)$
$f(x) = \dfrac{1}{x}$	$f'(x) = -\dfrac{1}{x^2}$, $x \neq 0$
$f(x) = \sin x$	$f'(x) = \cos x$

$f(x) = \cos x$	$f'(x) = -\sin x$
$f(x) = \tan x$	$f'(x) = \dfrac{1}{\cos^2 x}$
$f(x) = \cot x$	$f'(x) = \dfrac{1}{\sin^2 x}$
$f(x) = e^x$	$f'(x) = e^x$
$f(x) = a^x$	$f'(x) = a^x * \ln a$
$f(x) = \ln x$	$f'(x) = \dfrac{1}{x}$

Каждая **целая рациональная** функция дифференцируема. Производная f' целой рациональной функции f является вновь целой рациональной функцией. Её степень на единицу меньше степени функции f.

Jede **ganzrationale** Funktion ist differenzierbar. Die Ableitungsfunktion f' einer ganzrationalen Funktion f ist wieder ganzrational. Ihr Grad ist um 1 kleiner als der von f.

Правила вычисления производных
Пусть u(x) и v(x) две функции, для которых в области определения функций существуют производные u'(x) и v'(x).

Ableitungsregeln
Gegeben seien u(x) und v(x) zwei Funktionen, die im Definitionsbereich eine Ableitung u'(x) und v'(x) besitzen.

Производная постоянного множителя:
Постоянный множитель можно выносить за знак производной

Faktorregel:
Ein konstanter Faktor bleibt beim Ableiten erhalten

$$f'(x) = (c*u(x))' = c*u'(x)$$

Пример/Beispiel:

$$(3x)' = 3*(x)' = 3*1 = 3$$
$$(5x^2)' = 5*(x^2)' = 5*2x = 10x$$

Производная суммы и разности:
Производная суммы (разности) двух функций равна сумме (разности) их производных

Summen- und Differenzenregel:
Die Ableitung der Summe (Differenz) zweier Funktionen ist gleich der Summe (Differenz) der Ableitungen

$$f'(x) = (u(x) \pm v(x))' = u'(x) \pm v'(x)$$

Пример/Beispiel:

$$f(x) = 2x^3 + 5x^2 + 4$$
$$f'(x) = (2x^3 + 5x^2 + 4)' =$$
$$(2x^3)' + (5x^2)' + (4)' =$$
$$2*3*x^2 + 5*2*x + 0 =$$
$$6x^2 + 10x$$

Производная произведения:
Производная произведения двух функций

Produktregel:
Die Ableitung des Produktes zweier Funktionen

$$f(x) = u(x)*v(x)$$

Равна/ist gleich:

65

$$f'(x)= u'(x)*v(x) + u(x)*v'(x)$$

Пример/Beispiel:

$$f(x) = 2x^2*(3x + 5)$$
$$f'(x) = (2x^2*(3x + 5))' =$$
$$(2x^2)'*(3x + 5) + 2x^2*(3x + 5)' =$$
$$2*2x*(3x + 5) + 2x^2*(3 + 0) =$$
$$12x^2 + 20x + 6x^2 =$$
$$18x^2 + 20x=$$
$$2x(9x + 10)$$

Производная частного:
Если функции u(x) и v(x) диференцируемы и v(x) ≠ 0, то существует производная их частного. Она вычисляется по формуле

Quotientenregel:
Sind die beiden Funktionen u(x) und v(x) differenzierbar und ist v(x) ≠ 0, so ist auch ihr Quotient differenzierbar. Es ist

$$f'(x) = (\frac{u(x)}{v(x)})' = \frac{u'(x)*v(x) - u(x)*v'(x)}{(v(x))^2}$$

Пример/Beispiel:

$$f'(x) = (\frac{5x}{1-3x})' = \frac{(5x)'(1-3x) - 5x(1-3x)'}{(1-3x)^2} =$$
$$\frac{5(1-3x) - 5x(-3)}{(1-3x)^2} =$$
$$\frac{5-15x +15x}{(1-3x)^2} = \frac{5}{(1-3x)^2}$$

Производная сложной функции:
Производная сложной функции равна произведению её производной по промежуточному аргументу z на производную этого аргумента по независимой переменной

Kettenregel:
Die Ableitung einer verketteten Funktion Funktion ist gleich dem Produkt aus der äußeren Ableitung (Ableitung nach z) und der inneren Ableitung (Ableitung nach x)

$$f'(x) = (f(g(x)))' = f'(z)*z'(x), \quad z=g(x)$$

Пример/Beispiel:

$$f'(x) = ((x^2 + 5)^3)' =$$
$$3(x^2 + 5)^2*(x^2 + 5)' =$$
$$3(x^2 + 5)^2*(x^2)' =$$
$$3(x^2 + 5)^2*2x =$$
$$6x(x^2 + 5)^2$$

Теорема Роля
Если функция f(x) непрерывна на [a, b], дифференцируема внутри интервала и f(a) = f(b), то найдётся по крайней мере одна точка c∈(a, b), что f'(c) = 0.

Satz von Rolle
Es sei f(x) im Intervall [a, b] stetig, im Inneren differenzierbar und f(a) = f(b). Dann gibt es (wenigstens) eine Stelle x= c∈(a, b), mit f'(c) = 0.

Теорема о локальном максимуме и минимуме

Если функция дифференцирума и имеет в точке локальный (относительный) экстремум, то значение производной в этой точке равно нулю.

Satz für relative Maxima und Minima

Ist die Funktion f(x) differenzierbar und an der Stelle ein lokalen (relativen) Extremum besitzt, dann ist an diser Stelle der Wert der Ableitung null.

Теорема о среднем

Если функция f(x) непрерывна на [a, b], дифференцируема внутри интервала, то найдётся по крайней мере одна точка c∈(a, b), что выполняется:

Mittelwertsatz der Differentialrechnung

Ist f(x) stetig auf [a, b] und differenzierbar in (a, b), dann gibt es (mindestens) eine Zahl c∈(a, b), so dass gilt:

$$f'(c) = \frac{f(b) - f(a)}{b - a}$$

Исследование кривых

Общая теорема о монотонности:

Дифференцируемая на интервале I функция f(x) является **неубывающей** на нём, если f'(x) ≥ 0 для всех x∈I; является **невозрастающей** на нём, если f'(x) ≤ 0 для всех x∈I.
Если f'(x) > 0 или f'(x) < 0, то следует **возрастание** или **убывание** функции.

Обратная теорема: Если функция f в интервале I дифференцируема и **неубывающая** (или **невозрастающая**), то для всех x∈I производная f'(x) ≥ 0 (или f'(x) ≤ 0).

Особые случаи:

f'(x₀) = 0; график функции f имеет в точке x₀ горизонтальную касательную;
f'(x₀) < 0; график функции f имеет в точке x₀ отрицательный наклон;
f'(x₀) > 0; график функции f имеет в точке x₀ положительный наклон;
f'(x₀) = 1; график функции f имеет в точке x₀ касательную, параллельную к биссектрисам углов в первом и третьем квадранте.

Значения неизвестных из области определения функции f в которых значение функции равно нулю, называются **корнями** функции f.

При **простых корнях** x₀ график функции пересекает ось абсцисс под различными углами: **f(x₀) = 0^ f'(x₀) ≠ 0.**

Kurvendiskussion

Globaler Monotoniegesetz:

Der Graph einer im offenen Intervall I differenzierbaren Funktion f **steigt** dort monoton, wenn f'(x) ≥ 0 für alle x∈I; er **fällt** monoton, wenn f'(x) ≤ 0 ist für alle x∈I.

Aus f'(x) > 0 bzw. f'(x) < 0 folgt **streng monotones Steigen** bzw. **Fallen**.

Kehrsatz: Ist die Funktion f im Intervall I differenzierbar und **zunehmend** (bzw. **abnehmend**), dann ist für jedes x∈I die Ableitung f'(x) ≥ 0 (bzw. f'(x) ≤ 0).

Besondere Fälle:

f'(x₀) = 0: Graph der Funktion f besitzt bei x₀ eine horizontale Tangente;
f'(x₀) < 0: Graph der Funktion f besitzt bei x₀ eine negative Steigung;
f'(x₀) > 0: Graph der Funktion f besitzt bei x₀ eine positive Steigung;
f'(x₀) = 1: Kurventangente an der Funktion f in x₀ ist parallel zur Winkelhalbierenden des 1. und 3. Quadranten.

Jene Elemente des Definitionsbereiches von f, für welche der Funktionswert null ist heißen **Nullstellen** von f.

Bei **einfachen Nullstellen** x₀ schneidet der Graph der Funktion die x-Achse mit einem verschiedenen Schnittwinkel:
f(x₀) = 0^ f'(x₀) ≠ 0.

При **двух равных корнях** (корень кратности два) x_0 график функции касается оси абсцисс с одной стороны: вместе с **f(x_0) = 0** выполняется **f'(x_0) = 0**. При **трёх равных корнях** (корень кратности три) x_0 график функции пересекает ось абсцисс с нулевым уклоном:
f(x_0) = 0^ f'(x_0) = 0^f''(x_0) ≠ 0.

Bei **zweifachen Nullstellen** x_0 berührt der Graph der Funktion die x-Achse von einer Seite: neben **f(x_0) = 0** ist auch **f'(x_0) =0**.

Bei **dreifachen Nullstellen** x_0 durchsetzt der Graph der Funktion die x-Achse mit der Steigung 0:
f(x_0) = 0^ f'(x_0) = 0^ f''(x_0) ≠ 0.

Точки графика, в которых значения ординат принимают экстремальные значения, называются **точками экстремума**, точнее точками **наименьшего значения** (минимума) и точками **наибольшего значения** (максимума).

Die Punkte des Graphen, deren y-Werte Extremwerte (Extrema) sind, heißen **Extrempunkte**, genauer **Tiefpunkte** (an Minimalstellen) und **Hochpunkte** (an Maximalstellen).

Необходимое условие экстремума:

Если функция f(x) имеет в точке x_0 локальный экстремум, то f'(x_0) = 0.

Notwendige Bedingung für Extremstellen:

Besitzt die Funktion f(x) an der Stelle x_0 ein relatives Extremum, so ist f'(x_0) = 0.

Достаточное условие экстремума:
Дифференцируемая в интервале I функция f(x) имеет в точке $x_0 \in I$ локальный экстремум тогда и только тогда, когда f'(x_0) = 0 и производная f'(x) меняет знак: при изменении знака с + на - имеем максимум; при изменении знака с - на + имеем минимум.

Hinreichende Bedingung für Exstremstellen (Vorzeichenwechselkriterium):
Eine auf einem Intervall I differenzierbare Funktion f(x) besitzt an der Stelle $x_0 \in I$ genau dann ein lokales Extremum, wenn f'(x_0) = 0 ist und f'(x) das Vorzeichen wechselt:
von + nach -, so liegt ein Maximum vor; von − nach +, so liegt ein Minimum vor.

Критерий экстремума:
Если функция f(x) в интервале I дважды дифференцируема и в точке $x_0 \in I$ выполняется f'(x_0) =0 и f''(x_0)< 0, то она имеет **локальный максимум**; если выполняется f'(x_0) =0 и f''(x_0)> 0, то она имеет **локальный минимум**.

Kriterium für Extremstellen:
Ist eine Funktion f(x) auf einem Intervall I zweimal differenzierbar und gilt für $x_0 \in I$ f'(x_0) = 0 und f''(x_0)< 0, so liegt ein **lokales Maximum** vor; wenn f'(x_0) = 0 und f''(x_0)>0, dann liegt ein **lokales Minimum** vor.

Пример/Beispiel:

$$f(x) = x^3 + 6x^2 - 36x + 10$$

$$f'(x) = 3x^2 + 12x - 36$$
$$f''(x) = 6x + 12$$
$$3x^2 + 12x - 36 = 0 \mid :3$$
$$x^2 + 4x - 12 = 0$$
$$x_{1,2} = -2 \pm \sqrt{4 + 12}$$
$$x_1 = 2 \qquad x_2 = -6$$

$$f''(2) = 6*2 + 12 = 24 > 0$$

В точке $x_1 = 2$ имеется локальный **минимум**.

An der Stelle $x_1 = 2$ befindet sich ein relatives **Minimum**.

$$f''(-6) = 6*(-6) + 12 = -24 < 0$$

В точке $x_1 = -6$ имеется локальный **максимум**.

An der Stelle $x_1 = 2$ befindet sich ein relatives **Maximum**.

График функции G(f) называется **вогнутым**, если угловые коэффициенты касательных к кривой возрастают и **выпуклым**, если угловые коэффициенты касательных к кривой убывают.

Der Graph G(f) ist **linksgekrümmt**, wenn die Tangentensteigungen streng monoton zunehmen und **rechtsgekrümmt**, wenn die Tangentensteigungen streng monoton abnehmen.

Теорема:
Если $f''(x) < 0$ для $x \in I = (a,b)$, тогда график функции f в I **выпуклый**;
если $f''(x) > 0$ для $x \in I = (a,b)$, тогда график функции f в I **вогнут**.

Satz:
Wenn $f''(x) < 0$ für $x \in I = (a,b)$, dann ist der Graph von f in I **rechtsgekrümmt**;
wenn $f''(x) > 0$ für $x \in I = (a,b)$, dann ist der Graph von f in I **linksgekrümmt**.

Точка $x_0 \in D(f)$ называется **точкой перегиба** функции, если поведение кривой в окрестности $U(x_0)$ меняется и ветви кривой слева и справа от x_0 расположены по разные стороны от касательной.

Die Stelle $x_0 \in D(f)$ heißt **Wendestelle** von f, wenn das Krümmungsverhalten in einer gewissen Umgebung $U(x_0)$ rechts und links von x_0 entgegengesetzt ist. Den Punkt auf G(f) nennen wir **Wendepunkt**.

Необходимое условие для точек перегиба
Если x_0 точка перегиба для дважды дифференцируемой функции f(x), тогда выполняется $f''(x_0) = 0$.

Notwendige Bedingung für Wendepunkte
Ist x_0 eine Wendestelle der zweimal differenzierbaren Funktion f(x), so gilt $f''(x_0) = 0$.

Достаточное условие для точек перегиба (критерий изменения знака)
Дважды дифференцируемая в интервале I функция f имеет в точке $x_0 \in I$ тогда и только тогда точку перегиба, если выполняется условие $f''(x_0) = 0$ и $f''(x)$ меняет в точке x_0 свой знак.

Hinreichende Bedingung für Wendepunkte (Vorzeichenwechselkriterium)
Eine auf einem Intervall I zweimal differenzierbare Funktion f(x) besitzt an der Stelle $x_0 \in I$ genau dann einen Wendepunkt, wenn $f''(x_0) = 0$ ist und $f''(x)$ an der Stelle x_0 das Vorzeichen wechselt.

Примеры/Beispiele:

$$1) \ f(x) = x^3 - 4x$$
$$f'(x) = 3x^2 - 4$$
$$f''(x) = 6x = 0$$
$$x_0 = 0$$

Точка перегиба $x_0 = 0$ имеется, так как $f''(x)$ меняет в точке $x_0 = 0$ свой знак.

Wendepunkt an der Stelle $x_0 = 0$ vorhanden, weil $f''(x)$ an der Stelle $x_0 = 0$ das Vorzeichen wechselt.

$$2) \; f(x) = x^4 + 1$$
$$f'(x) = 4x^3$$
$$f''(x) = 12x^2 = 0$$
$$x_0 = 0$$

Точка перегиба отсутствует, так как $f''(x)$ не меняет в точке $x_0 = 0$ свой знак: $f''(x) \geq 0$.

Kein Wendepunkt vorhanden, weil $f''(x)$ an der Stelle $x_0 = 0$ das Vorzeichen nicht wechselt: $f''(x) \geq 0$.

Достаточное условие для точек перегиба (с применением третьей производной)

Если функция $f(x)$ в интервале I трижды дифференцируема и в точке $x_0 \in I$ выполняются условия $f''(x_0) = 0$ и $f'''(x_0) \neq 0$, тогда функция $f(x)$ имеет в точке x_0 точку перегиба.

Hinreichende Bedingung für Wendepunkte (mit der 3. Ableitungsfunktion)

Ist eine Funktion $f(x)$ auf einem Intervall I dreimal differenzierbar und gilt für $x_0 \in I$ $f''(x_0) = 0$ und $f'''(x_0) \neq 0$, dann besitzt $f(x)$ an der Stelle x_0 einen Wendepunkt.

Пример / Beispiel:

$$f(x) = \frac{1}{2} x^4 + 3x^3 - 5x$$

Решение/ Lösung:

$$f'(x) = 2x^3 + 9x^2 - 5$$
$$f''(x) = 6x^2 + 18x$$
$$6x^2 + 18x = 0$$
$$x(x + 3) = 0$$

Корни/Nullstellen:

$$x_1 = 0 \qquad x_2 = -3$$

Точка перегиба в точке $x = 0$

Wendepunkt an der Stelle $x = 0$

$$f'''(x) = 12x + 18$$
$$f'''(0) = 12*0 + 18 = 18 \neq 0$$

Точка перегиба в точке $x = -3$

Wendepunkt an der Stelle $x = -3$

$$f'''(-3) = 12*(-3) + 18 = -18 \neq 0$$

Точки перегиба, в которых график функции имеет горизонтальную касательную, называются **точками перегиба** (на горизонтали).

Wendepunkte, in denen der Graph der Funktion eine horizontale Tangente besitzt, heißen **Terrassenpunkte**.

Теорема: Если в некоторой точке x_0 области определения функции выполняется $f'(x_0) = 0 \wedge f''(x_0) = 0 \wedge f'''(x_0) \neq 0$, то график функции $f(x)$ имеет там точку перегиба (на горизонтали).

Satz: Gilt $f'(x_0) = 0 \wedge f''(x_0) = 0 \wedge f'''(x_0) \neq 0$ für eine Stelle x_0 des Definitionsbereiches von $f(x)$, dann hat der Graph der Funktion $f(x)$ dort sicher einen Terrassenpunkt.

4.5 Первообразная и интеграл   Stammfunktion und Integral

Функция F(x) называется **первообразной** для функции f(x), если для всех x ∈ D$_f$ выполняется:

Die Funktion F(x) heißt **Stammfunktion** von f, wenn für alle x ∈ D$_f$ gilt:

$$F'(x) = f(x)$$

Примеры/Beispiele:

$$f(x) = 2x \quad \Rightarrow F(x) = x^2$$
$$f(x) = 3x^2 \quad \Rightarrow F(x) = x^3$$

Если F(x) первообразная функции f(x), тогда функция F(x) + C, (C∈R) представляет множество всех первообразных для функции f. Число C называют **постоянной интегрирования.**

Ist F(x) eine Stammfunktion von f(x), dann stellt die Funktion F(x) + C, (C∈R) die Menge aller Stammfunktionen von f dar. Die Zahl C nennt man **Integrationskonstante.**

Теорема: Если F$_1$ (x) и F$_2$ (x) две первообразные для функции f, то они отличаются друг от друга на постоянное слагаемое.

Satz: Sind F$_1$ und F$_2$ Stammfunktionen von f, so unterscheiden sie sich nur durch eine (additive) Konstante.

$$F_1 (x) = F_2 (x) + C$$

Таблица первообразных:

Tabelle der Stammfunktionen:

$$f(x) = k \qquad F(x) = kx + C$$

$$f(x) = x^n \ (n \neq -1) \quad F(x) = \frac{x^{n+1}}{n+1} + C$$

$$f(x) = (ax + b)^n \quad F(x) = \frac{(ax + b)^{n+1}}{(n + 1)a} + C$$

$$f(x) = \sqrt{x} \qquad F(x) = \frac{2}{3} \sqrt{x^3} + C$$

$$f(x) = \frac{1}{x} \qquad F(x) = \ln |x| + C$$

$$f(x) = e^x \qquad F(x) = e^x + C$$

$$f(x) = a^x \qquad F(x) = \frac{a^x}{\ln a} + C$$

$$f(x) = \sin x \qquad F(x) = -\cos x + C$$
$$f(x) = \cos x \qquad F(x) = \sin x + C$$

$$f(x) = \frac{1}{\sin^2 x} \qquad F(x) = -\operatorname{ctg} x + C$$

$$f(x) = \frac{1}{\cos^2 x} \qquad F(x) = \operatorname{tg} x + C$$

Функция $\Phi(x) = \int\limits_a^x f(t)dt$, представляющая собой определённый интеграл с нижним пределом a и переменным верхним пределом x интегрируемой функции f, называется **интегральной функцией.**

Die Funktion $\Phi(x) = \int\limits_a^x f(t)dt$, die also ein bestimmtes Integral mit fester unterer Grenze a und variabler oberer Grenze x einer integrierbaren Funktion f ist, heißt **Integralfunktion.**

Каждая интегральная функция для непрерывной функции f является первообразной функцией для f.
Непрерывные функции всегда интегрируемы.

Jede Integralfunktion einer stetigen Funktion f ist eine Stammfunktion zu f.

Stetige Funktionen sind immer integrierbar.

Множество всех интегральных функций F(x) для функции f(x) называют **неопределённым интегралом** для функции f(x) и обозначают

Die Menge aller Integralfunktionen F(x) einer Funktion f(x) wird **unbestimmtes Integral** der Funktion f(x) genannt und man schreibt

$$\int f(x)dx = F(x) + C$$

При таком написании F(x) является одной из возможных первообразных для функции f(x).

Bei dieser Schreibweise ist F(x) eine mögliche Stammfunktion von der Funktion f(x).

Определённый интеграл обозначают через

Man bezeichnet ein bestimmtes Integral mit

$$\int_a^b f(x)dx$$

Читается: „Интеграл от a до b эф от икс дэ икс".

Man spricht: „Integral von a bis b über f(x)dx".

Геометрически интеграл от a до b функции f(x) обозначает площадь, расположенную между графиком функции f(x) и положительным направлением оси абсцисс X и ограниченную ординатами x_1=a и x_2=b. Площади расположенные выше оси X имеют положительные ординаты, а ниже – отрицательные. Собственно значения площадей могут быть только положительными.

„Geometrisch" bedeutet das Integral von a bis b über f(x) den Flächeninhalt, den der Graph von f(x) mit der positiven X-Achsenrichtung und den beiden Ordinaten in den Punkten x_1=a und x_2=b einschließt. Flächenstücke oberhalb der X-Achse haben positive, unterhalb der X-Achse - negative Ordinaten. Die Flächen selbst können aber nur positiv sein.

Формула Ньютона - Лейбница

Если F(x) первообразная для непрерывной функции f(x) на отрезке [a,b], то определённый интеграл от функции f(x) равен:

Hauptsatz der Integralrechnung

(„Newton-Leibniz-Formel"):
Für eine beliebige Stammfunktion F(x) der stetigen Funktion f(x) in Intervall [a,b] ist der bestimmten Integral von f(x) gleich:

$$\int_a^b f(x)dx = F(b) - F(a)$$

Пример/Beispiel:

$$f(x) = 3x^2 \quad a=1, \quad b=5$$
$$\Rightarrow F(x) = x^3$$
$$\int_1^5 3x^2dx = [x^3]\,|^5_1 = 5^3 - 1^3 = 124$$

Простейшие правила интегрирования

Einfache Integrationsregeln

Постоянный множитель можно вынести за знак интеграла.

Einen **konstanten Faktor** kann man vor das Integral schreiben.

$$\int k*f(x)dx = k* \int f(x)dx$$

Интеграл **суммы** (или **разности**) равен сумме (или разности) интегралов.

Das Integral einer **Summe** (oder **Differenz**) ist gleich der Summe (oder Differenz) der Integrale.

$$\int (f(x) \pm g(x))dx = \int f(x)dx \pm \int g(x)dx$$

Пример/Beispiel:

$$\int (2x^2 -6x +1)\, dx =$$

$$= 2* \int x^2\, dx - 6* \int x\, dx + 1* \int dx$$

$$= 2*\frac{x^3}{3} - 6*\frac{x^2}{2} + 1*x + C$$

$$= \frac{2}{3}x^3 - 3x^2 + x + C$$

Интегрирование по частям

Если u(x) и v(x) дифференцируемые функции с непрерывными производными и f(x)=u'(x)*v(x), тогда справедливо

Produktintegration

Sind u(x) und v(x) differenzierbare Funktionen mit stetigen Ableitungen, wobei f(x)=u'(x)*v(x) so gilt

$$\int_a^b f(x)dx = \int_a^b u'(x)*v(x)dx = [u(x)*v(x)]^b_a - \int_a^b u(x)*v'(x)dx$$

Пример/Beispiel:

$$\int x*\cos x\, dx = x*\sin x - \int 1*\sin x\, dx$$

$$= x* \sin x - (-\cos x) + C$$
$$= x*\sin x + \cos x + C$$

$$u'(x) = \cos x \quad v(x) = x$$
$$\Rightarrow u(x) = \sin x \quad v'(x) = 1$$

Перестановка пределов интегрирования

При перестановке пределов интегрирования значение интеграла меняет свой знак.

Vertauschung der Integrationsgrenzen

Das Integral ändert sein Vorzeichen, wenn man die obere und die untere Grenze miteinander vertauscht.

$$\int\limits_a^b f(x)dx = -\int\limits_b^a f(x)dx$$

Объединение пределов интегралов

Если функция f на [a,c] и на прилегающем интервале [c,b] интегрируема, то функция f интегрируема на интервале [a,b].

Intervalladditivität des Integrals

Ist f auf [a,c] und auf dem anschließenden Intervall [c,b] integrierbar, so ist f auf [a,b] integrierbar.

$$\int\limits_a^c f(x)dx + \int\limits_c^b f(x)dx = \int\limits_a^b f(x)dx$$

Симметричные графики

Для **чётных** функций g(x) (график симметричен относительно оси ординат) при пределах интегрирования с противоположными знаками выполняется:

Symmetrische Graphen

Bei **geraden** Funktionen g(x) (Graph achsensymmetrisch zur Y-Achse) für entgegengesetzte Integrationsgrenzen gilt:

$$\int\limits_{-a}^a g(x)dx = 2*\int\limits_0^a g(x)dx$$

Для **нечётных** функций u(x) (график симметричен относительно начала координат) при пределах с противоположными знаками выполняется:

Bei **ungeraden** Funktionen u(x) (Graph punktsymmetrisch zu (0|0)) gelten für entgegengesetzte Integrationsgrenzen:

$$\int\limits_{-a}^a u(x)dx = \int\limits_{-a}^0 u(x)dx + \int\limits_0^a u(x)dx = 0$$

Если f(x) ≤ g(x) для всех x∈[a,b], тогда выполняется:

Wenn f(x) ≤ g(x) für alle x∈[a,b] ist, dann gilt:

$$\int\limits_a^b f(x)dx \le \int\limits_a^b g(x)$$

Теорема о среднем значении

Если f(x) во всех x∈[a,b] непрерывна, тогда существует по крайней мере одно значение ξ из a< ξ<b, что выполняется:

Mittelwertsatz der Integralrechnung

Ist f(x) in allen x∈[a,b] stetig, dann gibt es (mindestens) einen Wert ξ mit a< ξ<b, so dass gilt:

$$\int\limits_a^b f(x)dx = f(\xi)*(b - a)$$

Математические обозначения

Mathematische Bezeichnungen

$N = \{1,2,3,\ldots\}$	множество натуральных чисел	Menge der natürlichen Zahlen
$N_0 = \{0,1,2,3,\ldots\}$	множество натуральных чисел и число 0	Menge der natürlichen Zahlen und der Zahl 0
$Z = \{\ldots,-2,-1,0,1,2,\ldots\}$	множество целых чисел	Menge der ganzen Zahlen
$Z^+ = \{1,2,\ldots\}$	множество целых положительных чисел	Menge der positiven ganzen Zahlen
$Z^- = \{\ldots,-3,-2,-1\}$	множество целых отрицательных чисел	Menge der negativen ganzen Zahlen
Q	множество рациональных чисел	Menge der rationalen Zahlen
Q^+	множество рациональных положительных чисел	Menge der positiven rationalen Zahlen
Q^-	множество рациональных отрицательных чисел	Menge der negativen rationalen Zahlen
$Q\backslash\{0\}$	множество рациональных чисел без числа нуль	Menge der rationalen Zahlen ungleich Null
R	множество действительных чисел	Menge der reellen Zahlen
$\{\ \}$	пустое множество	leere Menge
$\{x \mid x < 4\}$	множество всех чисел x удовлетворяющих условию x<4	Menge aller Zahlen x mit der Eigenschaft x<4
$a \in M$	a принадлежит множеству M	a ist Element der Menge M
$b \notin M$	b не принадлежит множеству M	b ist nicht Element der Menge M
$A \cap M$	пересечение множеств A и B	Schnittmenge der Mengen A und M
$A \cup M$	объединение множеств A и B	Vereinigungsmenge der Mengen A und M
$A \subset M$	A является подмножеством множества M	A ist Teilmenge von M
$A \backslash B$	множество A без множества B	Menge A ohne die Menge B
$L = \{-2;3\}$	множество решений	Lösungsmenge
D_f	область определения функции f	Definitionsmenge der Funktion f

W_f	область значений функции f	Wertemenge der Funktion f
a = b	а равно b	a gleich b
a ≠ b	а не равно b	a ungleich b
a < b	а меньше b	a kleiner b
a ≤ b	а меньше или равно b	a kleiner oder gleich b
a > b	а больше b	a größer b
a ≥ b	а больше или равно b	a größer oder gleich b
a ≈ b	а приближённо равно b	a ungefähr gleich b
a^n	n-я степень числа a	n-te Potenz von a
$\sqrt[n]{a}$	n-й корень из числа a	n-te Wurzel von a
$\lvert a \rvert$	модуль числа a	Betrag von a
+	плюс, знак сложения	plus, Additionszeichen
-	минус, знак вычитания	minus, Subtraktionszeichen
*	Умножить, знак умножения	mal, Multiplikationszeichen
:	делить, знак деления	geteilt durch, Divisionszeichen
A, B, C	Точки	Punkte
A(a ∣ b)	точка A с координатами a и b	Punkt A mit den Koordinaten a und b
AB	прямая через точки A и B	Gerade durch Punkte A und B
‖	знак параллельности	Parallelzeichen
⊥	знак перпендикулярности	Senkrechtzeichen
~	знак подобия	Ähnlichkeitszeichen
[a;b]	замкнутый интервал с границами a и b	abgeschlossenes Intervall mit den Grenzen a und b
[a;b[	Открытый справа интервал	rechts offenes Intervall
]a;b]	Открытый слева интервал	links offenes Intervall
]a;b[	открытый интервал	offenes Intervall
∞	бесконечно большое число	unendlich große Zahl
$\int f(x)dx$	неопределённый интеграл от функции f(x)	unbestimmtes Integral über f(x)
$\int_a^b f(x)dx$	определённый интеграл от a до b от функции f(x)	bestimmtes Integral über f(x) von a bis b
lim	лимит, знак предела	Limes, Grenzwert
$f^{I}(x)$	первая производная	1. Ableitungsfunktion
$f^{II}(x)$	вторая производная	2. Ableitungsfunktion
$f^{III}(x)$	третья производная	3. Ableitungsfunktion

Deutsch-Russisches Wörterbuch

Немецко-русский словарь

A

Abbildung *f* отображение, преобразование; **affine ~** аффинное преобразование; **kollineare ~** коллинеарное преобразование
Ableitung *f* производная
abrunden округлять (численное значение)
Abschnitt *m* отрезок, сегмент
Absolutbetrag *m* абсолютное значение, модуль
Abszisse *f* абсцисса
Abweichung *f* отклонение, рассогласование
abziehen вычитать
Achse *f* ось; **X-Achse** *f* ось абсцисс, горизонтальная ось; **Y-Achse** *f* ось ординат, вертикальная ось
Achsenabschnitt *m* отрезок осей (координат)
Achsenkreuz *n* система координат
achsensymmetrisch симметрично относительно осей
acht восемь, восьмеро
Achteck *n* восьмиугольник
Achtflach *n* восьмигранник, октаэдр
achthundert восемьсот
achttausend восемь тысяч
achtzehn восемнадцать
achtzig восемьдесят
Addieren *n* сложение, суммирование
addieren складывать, прибавлять, суммировать
Addition *f* сложение
ähnlich подобный
Ähnlichkeit *f* подобие

Ähnlichkeitabbildung *f* преобразование подобия
Algebra *f* алгебра; **Boolesche ~** булева алгебра
algebraisch алгебраический
algorithmieren алгоритмизировать
Algorithmus *n* алгоритм
Amplitude *f* амплитуда
Analyse *f* анализ, исследование
Ankathete *f* прилежащий катет
Annäherung *f* приближение, сближение; **~swert** *m* приближённое значение
Anwendung *f* применение, использование; **~sbereich** *n* область применения
Approximation *f* аппроксимация, приближение
approximieren приближать
äquivalent эквивалентный, равноценный
Argument *n* аргумент, независимая переменная
Arithmetik *f* арифметика
arithmetisch арифметический
assoziativ ассоциативный
Assoziativgesetz *n* ассоциативный (сочетательный) закон
Asymptote *f* ассимптота
asymptotisch ассимптотический
ausklammern выносить за скобки
ausrechnen вычислить, расчитать
Ausrechnung *f* вычисление, расчёт
Auswertung *f* определение численных значений
Axiom *n* аксиома

B

Basis *f* основание (напр., треугольника, системы логарифмов)
Basiswinkel *m* угол при основании треугольника
Bedienungstheorie *f* теория массового обслуживания
Beispiel *n* пример; **zum ~** например
berechenbar соизмеримый, вычислимый
Berechnung *f* вычисление, расчёт

Bereich *m* область; **Definitions~** область определения
Betrag *m* абсолютная величина, модуль
Beweis *m* доказательство
beweisen доказывать, аргументировать
Bild *n* изображение, отображение; **~ebene** *f* плоскость проекции; **~figur** *f* фигура изображения; **~fläche** *f* поверхность изображения; **~punkt** *m* точка отображения

binär двоичный, бинарный
Binärsystem *n* двоичная система исчисления
Binom *n* бином, двучлен; **~zerlegung** *f* разложение на .....
binomisch биномиальный, двучленный
Biquadrat *n* биквадрат, четвёртая степень
Bisektrix *f* биссектриса
Bogen *m* дуга (окружности); **~länge** *f* длина дуги; **~maß** *n* радианная мера

Breite *f* ширина
Bruch *m*, **Brüche** *f* дробь; **echter ~** правильная дробь; **unechter ~** неправильная дробь;
einfacher ~ обыкновенная дробь;
dezimalbruch десятичная дробь
Bruchgleichung *f* уравнение с дробными выражениями
Bruchrechnung *f* исчисление дробей
Bruchstrich *m* дробная черта
Bruchzahl *f* дробное число, дробь

D

Darstellung *f* представление
deckungsgleich конгруентный, равный
definieren определять (что-либо)
Definition *f* определение; **~sbereich** *n* область определения; **~smenge** *f* множество определения
Determinante *f* детерминант, определитель
dezimal десятичный
Dezimalbruch *m* десятичная дробь
Dezimalbruchdarstellung *f* представление в виде десятичной дроби
Dezimalstelle *f* десятичный знак
Dezimalsystem *n* десятичная система счисления
Diagonale *f* диагональ
Differential *n* дифференциал; **~geometrie** *f* дифференциальная геометрия; **~gleichung** *f* дифференциальное уравнение; **~rechnung** *f* дифференциальное исчисление
Differenz *f* разность
differenzieren дифференцировать
Differenzierung *f* дифференцирование
Direktrix *f* директриса
Diskriminante *f* дискриминант
Dispersion *f* дисперсия
distributiv дистрибутивный, распределительный
Divergenz *f* дивергенция, расхождение
divergieren расходиться

Divident *m* делимое, числитель (дробь)
Dividieren *n* деление
dividieren делить
Division *f* деление
Divisor *m* делитель
Drehachse *f* ось вращения
Drehbewegung *f* вращательное движение
Drehpunkt *m* точка вращения
Drehung *f* вращение, поворот
Drehungsachse *f* ось вращения
Drehwinkel *m* угол вращения
Drehzentrum *n* центр вращения
drei три, трое
dreidimensional трёхмерный
Dreieck *n* треугольник;
gleichschenkliges ~ равнобедренный треугольник;
gleichseitiges ~ равносторонний треугольник; **gleichwinkliges ~** равноугольный треугольник;
rechtwinkliges ~ прямоугольный треугольник; **spitzwinkliges ~** остроугольный треугольник;
stumpfwinkliges ~ тупоугольный треугольник
dreihundert триста
dreizehn тринадцать
Drittel *n* треть, третья часть
Durchmesser *m* диаметр
Durchrechnung *f* вычисление, расчёт, подсчёт
Durchschnitt *m* среднее (число)

Ebene *f* плоскость; **Halb~**
полуплоскость; **Viertel~** четвёртая
часть плоскости (квадрант)
Ecke *f* угол, вершина
Eckpunkt *m* вершина
eindeutig однозначный
Eindeutigkeit *f* однозначность
eindimensional одномерный
Einheitskreis *m* окружность с
единичным радиусом
Einheitsvektor *m* единичный вектор
einhundert сто, одна сотня
einklammern заключать в скобки
Einmaleins *n* таблица умножения;
~tabelle *f* таблица умножения
eins один
Einsetzen *n* подстановка
einsetzen подставлять
einstellig однозначный, одноразрядный
eintausend одна тысяча
elf одиннадцать
Ellipse *f* эллипс
elliptisch эллиптический

Faktor *m* фактор, (со-) множитель
faktorisieren разложение на множители
Fall *m* частный случай
Falluntersuchung *f* исследование
частного случая
Flächeninhalt *f* площадь
Folge *f* последовательность
Formel *f* формула
fünf пять, патеро
Fünfeck *n* пятиугольник
fünfeckig пятиугольный

Gegebene *n* данная величина
Gegenkathete *f* противолежащий катет
Gegenseite *f* противолежащая сторона
Gegenwinkel *m* противолежащий угол
gemeinsam общий; **gemeinsamer**
Nenner общий знаменатель
Geometrie *f* геометрия
geometrisch геометрический
Gerade *f* прямая (линия); **Halb~**
полупрямая; **parallelen ~n**

E

endlich конечный, ограниченный
entwickeln разлагать (в ряд)
Ergebnis *n* ответ, результат
erweitern расширять, увеличить; **einen**
Bruch ~ умножить числитель и
знаменатель на одно и то же число
Evolute *f* эволюта
explizit явный
Exponent *m* показатель
Exponentialfunktion *f* показательная
функция
Exponentialgleichung *f* показательное
уравнение
Exponentialkurve *f* показательная
кривая
Extrapolation *f* экстраполяция
extrapolieren экстраполировать
Extremum *n* экстремум
Extremwert *m* экстремум, экстремальное
значение
exzentrisch эксцентрический
Exzentrizität *f* эксцентриситет

F

fünfflächig пятигранный
fünfhundert пятьсот
fünfstellig пятизначный
Fünftel *n* пятая часть
fünfzehn пятнадцать
fünfzig пятьдесят
Funktion *f* функция; **lineare ~**
линейная функция; **quadratische ~**
квадратичная функция; **rationale ~**
рациональная функция
funktional функциональный

G

параллельные прямые; **senkrechten**
~n перпендикулярные прямые
gerade чётный; **~ Zahl** чётное число
gleich равный, одинаковый; **~ sein**
равняться; **~er Nenner** одинаковый
знаменатель
gleichnamig одноимённый; **~e Brüche**
дроби с одинаковыми знаменателями
gleichschenk(e)lig равнобедренный
gleichseitig равносторонний
gleichsetzen приравнять

Gleichung *f* уравнение; **~ erstes Grades** уравнение первой степени; **~ssystem** система уравнений; **lineare ~** линейное уравнение; **biquadratische ~** биквадратное уравнение; **quadratische ~** квадратное уравнение; **Bruch~en** дробные уравнения (уравнения с неизвестной переменной в знаменателе); **Wurzel~en** корневые уравнения (уравнения с неизвестной переменной в подкоренном выражении)

gleichwertig равноценный, эквивалентный

gleichwink(e)lig равноугольный

Grad *m* степень, градус

Gradient *m* градиент

Graph *m* граф

graphisch графически

Grenze *f* предел

Grenzwert *m* предельное значение

Größe *f* величина; **eine unbekante ~** неизвестная величина

Grund ‖ begriff *m* основное понятие; **~form** *f* основная форма, первоначальная форма; **~fläche** *f* основание, базис, опорная площадь; **~gesetz** *n* основной закон; **~linie** *f* основание, базис; **~rißebene** *f* горизонтальная плоскость проекции; **~satz** *m* основное положение, правило, аксиома; **~wert** *m* основная величина; **~zahl** *f* базис логарифма

H

Halbe *n* половина

Halbierende *f* биссектриса

Halbierung *f* деление пополам

Halbkreis *m* полукруг, полуокружность

harmonisch гармоничный

Häufigkeit *f* частота; **absolute ~** абсолютная частота; **relative ~** относительная частота

Hauptnenner *m* общий знаменатель

Hochzahl *f* показатель степени

Höhe *f* высота

Höhenschnittpunkt *m* точка пересечения высот (треугольника)

horizontal горизонтальный, по горизонтали

Horizontale *f* горизонталь, горизонтальная линия

Hyperbel *f* гипербола; **~funktion** гиперболическая функция

hyperbolisch гиперболический

Hyperboloid *n* гиперболоид

Hypotenuse *f* гипотенуза

I

identisch равнозначный

implit неявный; **Darstellung in ~er Form** представление в неявном виде

infinitesimal бесконечно малый

Infinitesimalrechnung *f* исчисление бесконечно малых (величин)

Informatik *f* информатика

inkogruent не совпадающий, неравный, неконгруентный

Inkreis *m* вписанная окружность; **~radius** *m* радиус вписанной окружности; **~mittelpunkt** *m* центр вписанной окружности

Innendurchmesser *m* диаметр вписанной окружности

Innenwinkel *m* внутренний угол

Integral *n* интеграл; **~gleichung** *f* интегральное уравнение; **~rechung** *f* интегральное исчисление; **~zeichen** *n* знак интеграла

Integration *f* интегрирование

integrieren интегрировать

interpolieren интерполировать

Intervall *n* интервал

invariant инвариантный

Invariante *f* инвариант

Inversion *f* инверсия

irrational иррациональный

isoperimetrisch изопериметрический

Iteration *f* итерация

K

kurzen сокращать; **einen Bruch ~** сократить дробь

L

Länge *f* длина
längentreu сохранение длиныLimit *n* предел, лимит, граница
Lineal *n* линейка
linear линейный; **~gleichung** *f* линейное уравнение
Limes *m*, **Limit** *n* предел, лимит

Linie *f* линия, черта; **gerade ~** прямая линия
Logarithmentafel *f* таблица логарифмов
Logarithmus *m* логарифм
lösbar разрешимый
lösen решать (задачу), разгадывать (загадку)
Lösungsmenge *f* множество решений

M

Malnehmen *n* умножение
malnehmen умножать
Mantelfläche *f* боковая поверхность
Mantellinie *f* образующая (конуса, цилиндра)
Mantisse *f* мантисса (логарифма)
Mathe *f* математика
Mathematik *f* математика; **~arbeit** *f* контрольная по математике
mathematisch математический; **~e Modell** *n* математическая модель
Matrix *f*, *pl* **Matrizen** *u* **Matrizes** матрица
maximal максимальный
Maximalwert *m* максимальное значение, максимум
Maximum *n* максимум, максимальная величина
Mediane *f* медианна
mehrdeutig многозначный, неоднозначный
mehrdimensional многомерный
Menge *f* множество
Mengenlehre *f* теория множеств
Meßwinkel *m* угломер
Methode *f* метод
minimal минимальный, наименьший

Minimum *n* минимум
Minuend *m* уменьшаемое
Minus *n* минус, разность
Mittel *n* среднее (число), средняя величина; **arithmetisches ~** среднее арифметическое; **geometrisches ~** среднее геометрическое
Mittellinie *f* медианна
Mittelpunkt *m* центр (окружности)
Mittelsenkrechte *f* серединный перпендикуляр
Mittelwert *m* среднее значение; **quadratischer ~** среднеквадратическое значение
modellieren моделировать
Modul *n* модуль, абсолютная величина
monoton монотонный; **streng ~** строго монотонный
Monotonie *f* монотонность
Multiplikand *m* множимое
Multiplikation *f* умножение
Multiplikationstabelle *f* таблица умножения
Multiplikator *m* (со)множитель
Multiplizieren *n* умножение
multiplizieren умножать

N

Näherung *f* приближение, аппроксимация; **~swert** *m* приближённое значение
negativ отрицательный

Nenner *m* знаменатель (дроби); **auf einen gemeinsamen ~ bringen** привести к общему знаменателю; **Haupt~** *m* общий знаменатель
neun девять

neunhundert девятьсот
neunzehn девятнадцать
neunzig девяносто
Normale *f* перпендикуляр, нормаль

null нуль, ноль
Nullpunkt *m* начало координат
Nullstelle *f* корни функции (точки пересечения функции с осью абсцисс)

O

Oberfläche *f* поверхность
Oktaeder *n* восьмигранник, октаэдр
Oktalsystem *n* восьмеричная система (счисления)
optimieren оптимизировать

Optimierung *f* оптимизация; **lineare ~** линейная оптимизация; **quadratische ~** квадратичная оптимизация
Ordinate *f* ордината
orthogonal перпендикулярный

P

parallel параллельный
Parallele *f* параллельная линия, параллель
Parallelogramm *n* параллелограмм
Parameter *m* параметер
Pentaeder *n* пятигранник, пентаэдр
Perimeter *n* периметер
periodisch периодический
Planimetrie *f* планиметрия
Polynom *m* полином
Potenz *f* степень; **die zweite ~** вторая степень, квадрат
Potenzfunktion *f* степенная функция
potenzieren возводить в степень
Primfaktoren *f* простые множители
Primzahl *f* простое число
Prisma *n* призма; **das schiefen ~** наклонная призма
Produkt *n* произведение
Progression *f* прогрессия
Projektionsebene *f* плоскость проекции

projezieren проектировать (напр. на плоскость)
Proporzion *f* пропорция, соотношение
proporzional пропорциональный
Proporzionalität *f* пропорциональность; **~sfaktor** *m* коэффициент пропорциональности
Prozent *n* процент; **~rechnung** *f* исчисление процентов; **~satz** *m* процентная ставка; **~wert** *m* процентная величина (значение)
Punkt *m* точка
Punktspiegelung *f* центральная проекция, преобразование относительно точки
punktsymmetrisch симметрично относительно точки
Pyramide *f* пирамида; **die Dreiecks~** треугольная пирамида; **die quadratische ~** квадратная пирамида; **~stumpf** *m* усечённая пирамида
Pythagorassatz *m* теорема Пифагор

Q

Quader *m* прямоугольный параллелепипед
Quadrant *m* квадрант
Quadrat *n* квадрат; **eine Zahl ins ~ erheben** возвести число в квадрат
Quadratinhalt *m* площадь квадрата
quadratisch квадратный
Quadratur *f* квадратура; **~ des Kreises** квадратура круга, неразрешимая задача

Quadratwurzel *f* квадратный корень; **die ~ aus einer Zahl ziehen** извлечь квадратный корень числа
quadrieren возводить в квадрат
Quadrirens *n* возведение в квадрат
Querschnitt *m* поперечное сечение
Quersumme *f* сумма цифр числа
Quotient *m* частное (при делении)

R

Radiant *m* радиан
Radikand *m* подкоренное выражение
Radius *m*, радиус; **~vektor** *m* радиус-вектор
radizieren извлекать корень
Randwert *m* краевое условие; **~aufgabe** *f* краевая задача
Rang *m* ранг
Raum *m* пространство; **~inhalt** *m* объём
Raumlehre *f* стереометрия
Raute *f* ромб
Rechenart *f* арифметические действия
Rechenaufgabe *f* арифметическая задача
Rechenverfahren *f* методы (способы) решения
Rechnen *n* арифметика, счёт
rechnen считать, вычислять
rechnerisch математический, вычислительный
Rechnung *f* вычисления, расчёты, арифметическая задача; **~sart** способ исчисления; **die ~ geht nicht auf** задача не получается (решается); **die**

vier ~sarten четыре действия арифметики
Rechteck *n* прямоугольник; **~inhalt** *m* площадь прямоугольника; **~umfang** *m* периметр прямоугольника
rechtwinklig прямоугольный
reduzieren (zu vereinfachen) уменьшать, понижать
Reihe *f* ряд, прогрессия, последовательность; **arithmetische ~** арифметическая прогрессия; **geometrische ~** геометрическая прогрессия
Reihenentwicklung *f* разложение в ряд
Reihenfolge *f* последовательность
Rest *m* остаток, оставшаяся часть
reziprok обратный; **~er Wert** обратная величина
Rhombus *m* ромб
Rotation *f* вращение; **~sellipsoid** *n* эллипсоид вращения; **~sfläche** *f* поверхность вращения; **~skörper** *m* тело вращения
runden округлять

S

Satz *m* теорема
Scheitel *m* вершина (напр. параболы); **~punkt** *m* вершина; **~winkel** *pl* противоположные углы
Schenkel *m* сторона (угла)
Schiebung *f* сдвиг, передвижение; **~spfeil** *m* направление сдвига
schneiden пересекать
Schnitt *m* сечение; **~punkt** *m* точка пересечения
schräg косой, наклонный
Schräglinie *f* косая линия, диагональ
Schwerpunkt *m* центр тяжести
Schwingung *f* колебания; **~sachse** *f* ось колебаний; **~samplitude** *f* амплитуда колебаний; **~sgleichung** *f* уравнение колебаний; **~sdauer** *f* период колебаний; **~sweite** *f* амплитуда колебаний
sechs шесть, шестёрка
Sechseck *n* шестиугольник
sechseckig шестиугольный

sechsflächig шестигранный
sechshundert шестьсот
sechsstellig шестизначный
sechstausend шесть тысяч
Sechstel *n* шестая часть
sechstel одна шестая
sechswinklig шестиугольный
sechzehn шестнадцать
sechzig шестьдесят
Segment *n* сегмент
Sehne *f* хорда; **~nsatz** *m* теорема о хордах; **~nviereck** *n* вписанный четырёхугольник
Seite *f* сторона (напр. треугольника); **~nfläche** *f* боковая поверхность; **~nhalbierende** *f* медиана; **~nlänge** *f* длина сторон; **~nlinie** *f* образующая (цилиндра, конуса); **~nriß** *m* боковая проекция
Sekante *f* секущая
Sektor *m* сектор
senkrecht вертикальный

Senkrechte *f* перпендикуляр
sieben семь, семеро
Siebeneck *n* семиугольник
siebenhundert семьсот
siebzehn семнадцать
siebzig семьдесят
simulieren имитировать, моделировать (математически)
Sinus *m* синус; **~funktion** *f* функция синуса
Sphäre *f* шар, сфера
Spiegelbild *n* зеркальное отображение
spiegelgleich симметричный
Spiegelpunkt *m* точка (центр) отображения
Spiegelung *f* отображение
spitzwinklig остроугольный
Statistik *f* статистика
Steigung *f* подъём, наклон; **~swinkel** *m* угол подъёма, уклон
Stelle *f* разряд

Stereometrie *f* стереометрия
stetig непрерывный
Stetigkeit *f* непрерывность
Strahl *m* луч, полупрямая
Strecke *f* расстояние, отрезок
Streckung *f* (**zentrische**) преобразование подобия
Stufenwinkel *f* соответственные углы
stumpf тупой, усечённый; **~winklig** тупоугольный
Subtrahend *m* вычитаемое
subtrahieren вычитать
Subtraktion *f* вычитание; **~szeichen** *n* знак вычитания
Summand *m* слагаемое
Summe *f* сумма
Symmetrie *f* симметрия; **~achse** *f* ось симметрии
symmetrisch симметричный
System *n* система

T

Tabelle *f* таблица
Tangens *m* тангенс; **~funktion** *f* функция тангенса
Tangente *f* касательная; **~nvieleck** *n* описанный многоугольник; **~nviereck** *n* описанный четырёхугольник
Tangentialebene *f* касательная плоскость
tangieren касаться
Taschenrechner *m* калькулятор
tausend тысяча
teilbar делимый
Teilbarkeit *f* делимость
teilen делить

Teilen *n* деление
Teiler *m* делитель; **größter gemeinsamen ~** наибольший общий делитель
Teilmenge *f* подмножество
Teilung *f* деление; **harmonische ~** гармоническое деление
Term *m* выражение
Tetraeder *n* четырёхгранник, тетраэдр
Theorem *n* теорема
Trapez *n* трапеция; **gleichschenklige ~** равнобедренная трапеция
Trigonometrie *f* тригонометрия
trigonometrisch тригонометрический

U

Übung *f* упражнение
Umfang *m* периметр, длина окружности; **~swinkel** *m* вписанный угол
Umkehrfunktion *f* обратная функция
Umkreis *m* описанная окружность; **~mittelpunkt** *m* центр описанной окружности; **~radius** *m* радиус описанной окружности

unendlich неограниченный, бесконечный
ungerade нечётное (о числах)
Ungleichung *f* неравенство
unstetig прерывный, разрывный
Ursprung *m* начало; **~ des Achsenkreuzes** начало координат

V

variabel переменный
Variable *f* переменная (величина)
Varianz *f* дисперсия
Variation *f* вариация; **~srechnung** *f* вариационное исчисление
Vektor *m* вектор; **~feld** *n* векторное поле; **~produkt** *n* векторное произведение; **~raum** *m* векторное пространство; **~rechnung** *f* векторное исчисление
Vereinfachung *f* упрощение
Vereinigung *f* **объединение**
Verfahren *n* способ, метод
vergleichen сравнивать
Vergleichsverfahren *n* метод сравнения
Vergrößerung *f* увеличение
Verhältnis *n* **пропорция, соотношение;** ~gleichung *f* **уравнение пропорции**
Verkettung *f* сцепление, соединение (при преобразовании)
Verknüpfung *f* связывание, скрепление, объединение
Verkrümmerung *f* изгиб, искривление
Verminderung *f* уменьшение, сокращение
Verringerung *f* уменьшение, сокращение, снижение

Verschiebung *f* передвижение, сдвиг; **~pfeil** *m* направление передвижения
vertikal вертикальный
Vertikalprojektion *f* вертикальная проекция
Vervielfachung *f* увеличение, умножение
Vieleck *n* многоугольник
Vielfache *n* кратное, кратность; **kleinste gemeinsame ~** наименьшее общее кратное
vier четыре, четверо
Viereck *n* четырёхугольник
viereckig четырёхугольный
vierhundert четыреста
vierkantig четырёхгранный
viermal четыре раза, четырежды
vierstellig четырёхзначный
viertausend четыре тысячи
viertel одна четвёртая
Viertel *n* четверть, четвёртая часть; **~drehung** *f* поворот на 90°; **~kreis** *m* четверть круга
vierzehn четырнадцать
vierzig сорок **Volumen** *n* объём
Vorzeichen *n* знак (минус, плюс)

W

waagerecht горизонтальный, по горизонтали
Wahrscheinlichkeit *f* вероятность; **~sdichte** *f* плотность вероятности; **~slogik** *f* вероятностная логика; **~sprozeß** *m* вероятностный процесс; **~srechnung** *f* исчисление вероятностей, теория вероятностей; **~stheorie** *f* теория вероятностей; **~sverteilung** *f* распределение вероятностей
Wechselwinkel *f* накрест лежащие углы
Wert *m* значение, величина; **~emenge** *f* область (множество) значений; **~etabelle** *f* таблица значений
Winkel *m* угол; **rechter ~** прямой угол; **spitzer ~** острый угол; **stumpfer ~** тупой угол; **Außen~** внешний угол; **Basis~** *pl* углы при

основании треугольника; **Ergänzungs~** дополнительный угол; **Neben~** *pl* смежные углы; **Neigungs~** угол наклона, уклон; **Mittelpunkt~** центральный угол; **Scheitel~** *pl* противоположные углы; **Stufen~** соответственные углы; **Umfangs~** вписанный угол; **Wechsel~** *pl* накрест лежащие углы; **Zentri~** центральный угол
Winkelfunktion *f* тригонометрическая функция
Winkelhalbierende *f* биссектриса
Winkelmaß *n* угольник
Winkelmesser *m* угломер, транспортир
Würfel *f* куб, шестигранник, гексаэдр
Wurzel *f* корень; **~ ziehen** извлекать корень (из числа)
Wurzelexponent *n* показатель корня

Wurzelzahl *f* подкоренное выражение (число)

Wurzelzeichen *n* знак корня
Wurzelziehen *n* извлечение корня

Z

Zahl *f* число, цифра; **ganze ~** целое число; **gerade ~** чётное число; **imaginäre ~** мнимое число; **natürliche ~** натуральное число; **negative ~** отрицательное число; **positive ~** положительное число; **rationale ~** рациональное число; **reelle ~** действительное число; **ungerade ~** нечётное число
zählen считать, расчитывать
Zahlen‖folge *f* числовая последовательность; **~gerade** *f* числовая ось; **~reihe** *f* числовой ряд; **~strahl** *m* числовой луч (числовая полупрямая)
Zähler *m* числитель
zehn десять, десятеро
Zehnersystem *n* десятичная система (счисления)
Zeichen *n* знак

zentral центральный
zentrische Streckung *f* преобразование подобия
Zentriwinkel *m* ценральный угол
Zentrum *n* центр
Zins‖en проценты, цинзы; **~eszinsen** *f* сложные проценты; **~fuß** *m* величина процентной ставки; **~rechnung** *f* исчисление процентов; **~satz** *m* процентная ставка
Zirkel *m* циркуль, круг
zwanzig двадцать
zwei два; **zweimal** два раза, дважды
zweiglied(e)rig двучленный
zweihundert двести
zweitausend две тысячи
zweiteilig двучленный
zwölf двенадцать
Zylinder *m* цилиндр; **~mantel** *m* поверхность цилиндра

Русско-немецкий словарь

Russisch-Deutsches Wörterbuch

А

абсолютная величина, модуль Betrag *m*
абсолютное значение Absolutbetrag *m*
абсцисса Abszisse *f*
аксиома Axiom *n*
алгебра Algebra *f*; **булева ~** Boolesche Algebra *f*
алгебраический algebraisch
алгоритм Algorithmus *n*
алгоритмизировать algorithmieren
амплитуда Amplitude *f*
анализ, исследование Analyse *f*
аппроксимация Approximation *f*

аргумент, независимая переменная Argument *n*
арифметика Arithmetik *f*, Rechnen *n*
арифметическая задача Rechenaufgabe *f*
арифметические действия Rechenart *f*
арифметический arithmetisch
ассимптота Asymptote *f*
ассимптотический asymptotisch
ассоциативный assoziativ; **~ (сочетательный) закон** Assoziativgesetz *n*

Б

базис логарифма Grundzahl *f*
бесконечно малый infinitesimal
биквадрат, четвёртая степень Biquadrat *n*
бином, двучлен Binom *m*; **разложение на ~** Binomzerlegung *f*

биномиальный, двучленный binomisch
биссектриса Bisektrix *f*, Winkelhalbierende *f*
боковая поверхность Mantelfläche *f*, Seitenfläche *f*
боковая проекция Seitenriß *m*

В

вариация Variation *f*; **вариационное исчисление** Variationsrechnung *f*
вектор Vektor *m*; **единичный ~** Einheitsvektor *m*; **~ное поле** Vektorfeld *n*; **~ное произведение** Vektorprodukt *n*; **~ное пространство** Vektorraum *m*; **~ное исчисление** Vektorrechnung *f*
величина Größe *f*, **неизвестная ~** eine unbekannte Größe
вероятность Wahrscheinlichkeit *f*, **плотность вероятности** Wahrscheinlichkeitsdichte *f*, **вероятностная логика** Wahrscheinlichkeitslogik *f*, **вероятностный процесс** Wahrscheinlichkeitsprozeß *m*; **исчисление вероятностей, теория вероятностей** Wahrscheinlichkeitsrechnung *f*, Wahrscheinlichkeitstheorie *f*,

распределение вероятностей Wahrscheinlichkeitsverteilung *f*
вертикальная проекция Vertikalprojektion *f*
вертикальный senkrecht, vertikal
вершина Eckpunkt *m*; **~ параболы** Scheitel *m*, Scheitelpunkt *m*
вершина, угол Ecke *f*
внутренний угол Innenwinkel *m*
возведение в квадрат Quadrierens *n*
возводить в квадрат quadrieren
возводить в степень potenzieren
восемнадцать achtzehn
восемь тысяч achttausend
восемь, восьмеро acht
восемьдесят achtzig
восемьсот achthundert
восьмеричная система (счисления) Oktalsystem *n*
восьмигранник, октаэдр Achtflach *n*, Oktaeder *n*

восьмиугольник Achteck *n*
вписанная окружность Inkreis *m*
вписанный угол Umfangswinkel *m*
вписанный четырёхугольник
Sehnenviereck *n*
вращательное движение
Drehbewegung *f*
вращение Rotation *f,* Drehung *f,*
эллипсоид вращения
Rotationsellipsoid *n;* **поверхность**
вращения Rotationsfläche *f,* **тело**
вращения Rotationskörper *m*
выносить за скобки ausklammern
выражение Term *m*
высота Höhe *f*

вычисление, расчёт Ausrechnung *f,*
Berechnung *f,* Durchrechnung *f*
вычисления, расчёты Rechnung *f,*
способ исчисления Rechnungsart *f,*
задача не получается (решается)
die Rechnung geht nicht auf; **четыре**
действия арифметики die vier
Rechnungsarten
вычислительный rechnerisch
вычислить, рассчитать ausrechnen
вычитаемое Subtrahend *m*
вычитание Subtraktion *f,* **знак**
вычитания Subtraktionszeichen *n*
вычитать abziehen, subtrahieren

Г

гармоничный harmonisch
геометрический geometrisch
геометрия Geometrie *f*
гипербола Hyperbel *f,*
гиперболическая функция
Hyperbelfunktion
гиперболический hyperbolisch
гиперболоид Hyperboloid *n*
гипотенуза Hypotenuse *f*
горизонталь, горизонтальная линия
Horizontale *f*

горизонтальная плоскость проекции
Grundrißebene *f,*
горизонтальный, по горизонтали
horizontal, waagerecht
градиент Gradient *m*
грань, ребро Kante *f,* **длина ребра**
Kantenlänge
граф Graph *m*
графически graphisch

Д

данная величина Gegebene *n*
два zwei; **два раза, дважды** zweimal
двадцать zwanzig
две тысячи zweitausend
двенадцать zwölf
двести zweihundert
двоичная система исчисления
Binärsystem *n*
двоичный, бинарный binär
двучленный zweiteilig, zweiglied(e)rig
девяносто neunzig
девятнадцать neunzehn
девять neun
девятьсот neunhundert
деление Dividieren *n,* Division *f,* Teilung
f; **гармоническое ~** harmonische
Teilung *f;* **~ пополам** Halbierung *f*
делимое Dividend *m*
делимость Teilbarkeit *f*
делимый teilbar

делитель Divisor *m,* Teiler *m;*
наибольший общий ~ größter
gemeinsamen Teiler
делить dividieren, teilen
десятичная дробь Dezimalbruch *m*
десятичная система (счисления)
Dezimalsystem *n,* Zehnersystem *n*
десятичный dezimal; **~ знак**
Dezimalstelle *f*
десять, десятеро zehn
детерминант, определитель Determinante
f
диагональ Diagonale *f*
диаметр Durchmesser *m;* **~ вписанной**
окружности Innendurchmesser *m*
дивергенция, расхождение Divergenz
f
директриса Direktrix *f*
дискриминант Diskriminante *f*
дисперсия Dispersion *f,* Varianz *f*

дистрибутивный, распределительный distributiv
дифференциал Differential *n*; **~ьная геометрия** Differentialgeometrie *f*; **~ьное уравнение** Differentialgleichung *f*; **~ьное исчисление** Differentialrechnung *f*
дифференцирование Differenzierung *f*
дифференцировать differenzieren
длина Länge *f*; **сохранение длины** längentreu
доказательство Beweis *m*

доказывать, аргументировать beweisen
дробная черта Bruchstrich *m*
дробное число, дробь Bruchzahl *f*
дробь Bruch *m*, Brüche *f*; **правильная ~** echter Bruch; **неправильная ~** unechter Bruch; **обыкновенная ~** einfacher Bruch; **десятичная ~** Dezimalbruch
дуга (окружности) Bogen *m*; **длина дуги** Bogenlänge *f*; **радианная мера** Bogenmaß *n*

Е

единичный вектор Einheitsvektor *m*

З

заключать в скобки einklammern
зеркальное отображение Spiegelbild *n*
знак Zeichen *n*; **~ числа (минус, плюс)** Vorzeichen *n*; **~ корня** Wurzelzeichen *n*
знаменатель (дроби) Nenner *m*;

привести к общему знаменателю auf einen gemeinsamen Nenner bringen; **общий знаменатель** Hauptnenner
значение, величина Wert *m*; **область (множество) значений** Wertemenge *f*; **таблица значений** Wertetabelle *f*

И

извлекать корень radizieren
извлечение корня Wurzelziehen *n*
изгиб, искривление Verkrümmerung *f*
изображение, отображение Bild *n*; фигура изображения Bildfigur *f*; поверхность изображения Bildfläche *f*; точка отображения Bildpunkt *m*
изопериметрический isoperimetrisch
имитировать, моделировать (математически) simulieren
инвариант, неизменное Invariante *f*
инвариантный invariant
инверсия Inversion *f*
интеграл Integral *n*; **~ьное уравнение** Integralgleichung *f*; **~ьное**

исчисление Integralrechung *f*; **знак ~а** Integralzeichen *n*
интегрирование Integration *f*
интегрировать integrieren
интервал Intervall *n*
интерполировать interpolieren
информатика Informatik *f*
иррациональный irrational
исследование частного случая Falluntersuchung *f*
исчисление бесконечно малых (величин) Infinitesimalrechnung *f*
исчисление дробей Bruchrechnung *f*
итерация Iteration *f*

К

калькулятор Taschenrechner *m*
касательная Tangente *f*
касательная плоскость Tangentialebene *f*
касаться tangieren

катет Kathete *f* ; **прилежащий ~** Ankathete; **противолежащий ~** Gegenkathete
квадрант Quadrant *m*
квадрат Quadrat *n*; **возвести число в ~** eine Zahl ins Quadrat erheben

квадратный quadratisch
квадратный корень Quadratwurzel *f;*
извлечь ~ числа die Quadratwurzel
aus einer Zahl ziehen
квадратура Quadratur *f; ~ круга*
(неразрешимая задача) Quadratur
des Kreises
колебания Schwingung *f;* **ось**
колебаний Schwingungsachse *f;*
амплитуда колебаний
Schwingungsamplitude *f,*
Schwingungsweite *f;* **уравнение**
колебаний Schwingungsgleichung *f;*
период колебаний Schwingungsdauer
f
коллинеарно kollinear
конгруентное отображение
Kongruenzabbildung *f*
конгруентный, равный kongruent,
deckungsgleich
конус Kegel *m;* **усечённый ~**
Kegelstumpf *m;* **круговой ~** Kreiskegel
f

координат‖а Koordinate *f;* **ось ~**
Koordinatenachse *f;* **система ~**
Koordinatensystem *n;* **декартова**
система ~ kartesische
Koordinatensystem
корень Wurzel *f;* **извлекать ~ (из**
числа) Wurzel ziehen; **корни**
функции (точки пересечения функции
с осью абсцисс) Nullstelle *f*
косеканс Kosekans *m*
косинус Kosinus *m*
косой, наклонный schräg; **косая**
линия Schräglinie *f*
краевое условие Randwert *m;*
краевая задача Randwertaufgabe *f*
кратное, кратность Vielfache *n;*
наименьшее общее ~ kleinste
gemeinsame Vielfache
кривая Kurve *f*
куб, шестигранник, гексаэдр Würfel *f*

Л

линейка Lineal *n*
линейный linear; линейное уравнение
Lineargleichung *f*

линия, черта Linie *f;* **прямая ~**
gerade Linie
логарифм Logarithmus *m*
луч, полупрямая Strahl *m*

М

максимальное значение, максимум
Maximalwert *m,* Maximum *m*
максимальный maximal
мантисса (логарифма) Mantisse *f*
математика Mathe *f,* Mathematik *f;*
контрольная по математике
Mathematikarbeit *f*
математический mathematisch,
rechnerisch; **математическая модель**
mathematische Modell *n*
матрица Matrix *f , pl* Matrizen *u*
Matrizes
медиана Seitenhalbierende *f,* Mediane *f,*
Mittellinie *f*
метод Methode *f; ~ сравнения*
Vergleichsverfahren *n*
методы (способы) решения
Rechenverfahren *f*
минимальный, наименьший minimal

минимум Minimum *n*
минус, разность Minus *n,* Differenz *f*
многозначный, неоднозначный
mehrdeutig
многомерный mehrdimensional
многоугольник Vieleck *n*
множество Menge *f; ~ решений*
Lösungsmenge *f*
множимое Multiplikand *m*
множитель Multiplikator *m*
моделировать modellieren
модуль Absolutbetrag *m;* **абсолютная**
величина Modul *n*
монотонность Monotonie *f*
монотонный monoton; **строго ~** streng
monoton

Н

накрест лежащие углы Wechselwinkel *pl*

начало Ursprung *m*; **~ координат** Ursprung des Achsenkreuzes, Nullpunkt *m*

неограниченный, бесконечный unendlich

непрерывность Stetigkeit *f*

непрерывный stetig

неравенство Ungleichung *f*

неравный, неконгруентный, не совпадающий inkongruent

нечётное (число) ungerade

неявный implit; **представление в неявном виде** Darstellung in impliter Form

нуль, ноль null

О

область Bereich *m*; **~ определения** Definitionsbereich *m*

образующая (конуса, цилиндра) Mantellinie *f*, Seitenlinie *f*

обратная величина, обратное значение Kehrwert *m*

обратная функция Umkehrfunktion *f*

обратное число Kehrzahl *f*

обратный reziprok; **обратная величина** reziproker Wert

общий gemeinsam; **~ знаменатель** gemeinsamer Nenner *m*, Hauptnenner *m*

объединение Vereinigung *f*

объём Volumen *n*, Rauminhalt *m*

ограниченный endlich

один eins

одиннадцать elf

одна тысяча eintausend

одна четвёртая viertel

одна шестая sechstel

однозначность Eindeutigkeit *f*

однозначный eindeutig

одноимённый gleichnamig; **дроби с одинаковыми знаменателями** gleichnamige Brüche

одномерный eindimensional

одноразрядный einstellig

округлять runden; **~ (численное значение)** abrunden

окружность с единичным радиусом Einheitskreis *m*

окружност|ь, круг Kreis *m*, Kreislinie *f*; **сегмент ~ти** Kreissegment *m*, Kreisabschnitt *m*; **сектор ~и** Kreissektor *m*, Kreisausschnitt *m*; **дуга ~и** Kreisbogen *m*; **площадь круга** Kreisfläche *f*; **центр ~и** Kreismitte-punkt *m*; **хорда ~и** Kreissehne *f*; **длина ~и** Kreisumfang *m*

описанная окружность Umkreis *m*; **центр описанной окружности** Umkreismittelpunkt *m*; **радиус описанной окружности** Umkreisradius *m*

описанный многоугольник Tangentenvieleck *n*

описанный четырёхугольник Tangentenviereck *n*

опорная площадь Grundfläche *f*;

определение Definition *f*; **область определения** Definitionsbereich *n*; **множество определения** Definitionsmenge *f*

определение численных значений Auswertung *f*

определять (что-либо) definieren

оптимизация Optimierung *f*; **линейная ~** lineare Optimierung; **квадратичная ~** quadratische Optimierung *f*

оптимизировать optimieren

ордината Ordinate *f*

основание (напр., треугольника, системы логарифмов) Basis *f*

основание, базис Grundlinie *f*

основная величина Grundwert *m*;

основная форма, первоначальная форма Grundform *f*;

основное положение, правило , аксиома Grundsatz *m* ;

основное понятие Grundbegriff *m*;

основной закон Grundgesetz *n*;

остаток, оставшаяся часть Rest *m*

остроугольный spitzwink(e)lig

ось Achse *f*, **~ абсцисс**; **горизонтальная ~** X-Achse *f*, **~ ординат, вертикальная ~** Y-Achse *f*;

~ **вращения** Drehachse *f,*
Drehungsachse *f*
ответ, результат Ergebnis *n*
отклонение Abweichung *f*

отображение Spiegelung *f*
отрезок Abschnitt *m*; ~ **осей**
(координат) Achsenabschnitt *m*
отрицательный negativ

П

параллелограмм Parallelogramm *n*
параллельная линия, параллель
Parallele *f*
параллельный parallel
параметр Parameter *m*
передвижение, сдвиг Verschiebung *f,*
направление передвижения
Verschiebungpfeil *m*
переменная (величина) Variable *f*
переменный variabel
переместительный, коммутативный
kommutativ; ~ **закон** Kommutativgesetz
n
пересекать schneiden
периметр Perimeter *n,* Umfang *m*
периодический periodisch
перпендикуляр Senkrechte *f;* ~,
нормаль Normale *f*
перпендикулярный orthogonal
пирамида Pyramide *f,* **треугольная ~**
die Dreieckspyramide; **квадратная ~**
die quadratische Pyramide; **усечённая**
~ Pyramidestumpf *m*
планиметрия Planimetrie *f*
плоскость Ebene *f,* **полуплоскость**
Halbebene *f,* **четвёртая часть**
плоскости (квадрант) Viertelebene
плоскость проекции Bildebene *f,*
Projektionsebene *f*
площадь Flächeninhalt *f;* ~ **квадрата**
Quadratinhalt *m*
поверхность Oberfläche *f*
поворот Drehung *f*
подкоренное выражение (число)
Radikand *m;* Wurzelzahl *f*
подмножество Teilmenge *f*
подобиеÄhnlichkeit *f*
подобный ähnlich
подставлять einsetzen
подстановка Einsetzen *n*
подъём, наклон Steigung *f;* **угол**
подъёма, уклон Steigungswinkel *m*
показатель Exponent *m;* **показатель**
корня Wurzelexponent *n;* **показатель**
степени Hochzahl *f*

показательная кривая
Exponentialkurve *f*
показательная функция
Exponentialfunktion *f*
показательное уравнение
Exponentialgleichung *f*
полином Polynom *m*
половина Halbe *n*
полукруг, полуокружность Halbkreis
m
поперечное сечение Querschnitt *m*
последовательность Folge *f,*
Reihenfolge *f*
предел, лимит Grenze *f,* Limit *n*
предельное значение Grenzwert *m*
представление Darstellung *f,* ~ **в виде**
десятичной дроби
Dezimalbruchdarstellung *f*
преобразование, отображение
Abbildung *f,* **аффинное ~** affine
Abbildung; **коллинеарное ~**
kollineare Abbildung; ~ **подобия**
zentrische Streckung *f,*
Ähnlichkeitabbildung *f;* ~
относительно точки Punktspiegelung
f
прерывный, разрывный unstetig
приближать approximieren
приближение, аппроксимация
Näherung *f,* **приближённое значение**
Annäherungswert *m,* Näherungswert *m;*
сближение Annäherung *f*
призма Prisma *n;* **наклонная ~** das
schiefen Prisma
прилежащий катет Ankathete *f*
применени‖е, использование
Anwendung *f,* **область ~я**
Anwendungsbereich *n*
пример Beispiel *n;* **например** zum
Beispiel *n*
приравнять gleichsetzen
прогрессия Progression *f*
прогрессия, последовательность, ряд
Reihe *f,* **арифметическая ~**

arithmetische Reihe; **геометрическая** ~ geometrische Reihe
проектировать (напр. на плоскость) projezieren
произведение Produkt *n*
производная Ableitung *f*
пропорциональность Proporzionalität *f*; **коэффициент пропорциональности** Proporzionalitätsfaktor *m*
пропорциональный proporzional
пропорция, соотношение Proporzion *f*, Verhältnis *n*; **уравнение пропорции** Verhältnisgleichung *f*
простое число Primzahl *f*
пространство Raum *m*
простые множители Primfaktoren *f*
противолежащая сторона Gegenseite *f*; **противолежащий катет** Gegenkathete *f*
противолежащий угол Gegenwinkel *m*
противоположные углы Scheitelwinkel *pl*
процент Prozent *n*; **исчисление ~ов** Prozentrechnung *f*; **~ная ставка** Prozentsatz *m*; **~ная величина (значение)** Prozentwert *m*

проценты, цинзы Zinsllen; **сложные проценты** Zinseszinsen *f*; **величина процентной ставки** Zinsensatz *m*, Zinsenfuß *m*; **исчисление процентов** Zinsenrechnung *f*
прямая (линия) Gerade *f*; **полупрямая** Halbgerade *f*; **параллельные прямые** parallelen Geraden; **перпендикулярные прямые** senkrechten Geraden
прямой (угол) recht
прямоугольник Rechteck *n*; **площадь ~a** Rechteckinhalt *m*; **периметр ~a** Rechteckumfang *m*
прямоугольный rechtwinklig, ~ **параллелепипед** Quader *m*
пятая часть Fünftel *n*
пятигранник, пентаэдр Pentaeder *n*
пятигранный fünfflächig
пятизначный fünfstellig
пятиугольник Fünfeck *n*
пятиугольный fünfeckig
пятнадцать fünfzehn
пять, пятеро fünf
пятьдесят fünfzig
пятьсот fünfhundert

Р

равнобедренный gleichschenk(e)lig
равнозначный identisch
равносторонний gleichseitig
равноугольный gleichwink(e)lig
равноценный, эквивалентный gleichwertig
равный, одинаковый gleich; **равняться** gleich sein; **одинаковый знаменатель** gleicher Nenner; **дроби с одинаковыми знаменателями** gleichnamige Brüche
радиан Radiant *m*
радиус Radius *m*; ~ - **вектор** Radiusvektor *m*
радиус вписанной окружности Inkreisradius *m*
разлагать (в ряд) entwickeln; **разложение в ряд** Reihenentwicklung *f*

разложение на множители faktorisieren
разность Differenz *f*
разрешимый lösbar
разряд Stelle *f*
ранг Rang *m*
рассогласование Abweichung *f*
расстояние, отрезок Strecke *f*
расходиться divergieren
расширять, увеличить erweitern; **умножить числитель и знаменатель на одно и то же число** einen Bruch erweitern
решать (задачу), разгадывать (загадку) lösen
ромб Raute *f*, Rhombus *m*

С

связывание, скрепление, объединение Verknüpfung *f*

сдвиг, передвижение Schiebung *f*; **направление сдвига** Schiebungspfeil *m*

сегмент Segment *n*, Abschnitt *m*

сектор Sektor *m*

секущая Sekante *f*

семиугольник Siebeneck *n*

семнадцать siebzehn

семь, семеро sieben

семьдесят siebzig

семьсот siebenhundert

серединный перпендикуляр Mittelsenkrechte *f*

сечение Schnitt *m*; **точка пересечения** Schnittpunkt *m*

симметрично относительно осей achsensymmetrisch

симметрично относительно точки punktsymmetrisch

симметричный symmetrisch, spiegelgleich

симметрия Symmetrie *f*; **ось симметрии** Symmetrieachse *f*

синус Sinus *m*; **функция синуса** Sinusfunktion *f*

система System *n*, **~ координат** Achsenkreuz *n*

складывать, прибавлять, суммировать addieren

скобка Klammer *f*; **квадратные скобки** eckige Klammern; **фигурные скобки** geschweifte Klammern; **правило скобок** Klammerregel *f*

слагаемое Summand *m*

сложение, суммирование Addieren *n*; Addition *f*

соизмеримый, вычислимый berechenbar

сокращать kurzen; **сократить дробь** einen Bruch kurzen

соответственные углы Stufenwinkel *f*

сорок vierzig

способ, метод Verfahren *n*

сравнивать vergleichen

среднее (число) Durchschnitt *m*; **~ арифметическое** arithmetisches Mittel *n*, **~ геометрическое** geometrisches Mittel *n*

средняя величина Mittel *n*; **среднее значение** Mittelwert *m*; **среднеквадратическое значение** quadratischer Mittelwert

статистика Statistik *f*

степенная функция Potenzfunktion *f*

степень Potenz *f*; **вторая ~, квадрат** die zweite Potenz

степень, градус Grad *m*

стереометрия Stereometrie *f*, Raumlehre *f*

сто, одна сотня einhundert

сторона (напр. треугольника) Seite *f*; **длина сторон** Seitenlänge *f*

сторона (угла) Schenkel *m*

сумма Summe *f*; **~ цифр числа** Quersumme *f*

сфера Kugelfläche *f*

сфера Sphäre *f*, Kugel *f*

сходиться konvergieren

сходящийся konvergent

сцепление, соединение (при преобразовании) Verkettung *f*

считать в уме kopfrechnen

считать, вычислять rechnen, zählen

Т

таблица Tabelle *f*

таблица логарифмов Logarithmentafel *f*

таблица умножения Einmaleins *n*, Einmaleinstabelle *f*, Multiplikationstabelle *f*

тангенс Tangens *m*; **функция ~a** Tangensfunktion *f*

тело Körper *m*; **мера объёма** Körpermaß *n*

теорема Satz *m*, Theorem *n*; **~ Пифагора** Pythagorassatz *m*

теория массового обслуживания Bedienungstheorie *f*

теория множеств Mengenlehre *f*

точка Punkt *m*

точка (центр) отображения Spiegelpunkt *m*

точка вращения Drehpunkt *m*

точка пересечения высот (треугольника) Höhenschnittpunkt *m*

трапеция Trapez *n* ; **равнобедренная ~** gleichschenklige Trapez *n*

треть, третья часть Drittel *n*

треугольник Dreieck *n;*
равнобедренный ~ gleichschenkliges
Dreieck; **равносторонний** ~
gleichseitiges Dreieck; **равноугольный**
~ gleichwinkliges Dreieck;
прямоугольный ~ rechtwinkliges
Dreieck; **остроугольный** ~
spitzwinkliges Dreieck; **тупоугольный** ~
stumpfwinkliges Dreieck
трёхмерный dreidimensional

три, трое drei
тригонометрическая функция
Winkelfunktion *f*
тригонометрический trigonometrisch
тригонометрия Trigonometrie *f*
тринадцать dreizehn
триста dreihundert
тупой, усечённый stumpf;
тупоугольный stumpfwink(e)lig
тысяча tausend

У

увеличение Vergrößerung *f*
увеличение, умножение
Vervielfachung *f*
угломер, транспортир Meßwinkel *m,*
Winkelmesser *m*
угол Winkel *m;* **прямой** ~ rechter
Winkel; **острый** ~ spitzer Winkel;
тупой ~ stumpfer Winkel; **внешний** ~
Außenwinkel; ~ **при основании**
треуголника Basiswinkel;
дополнительный ~ Ergänzungswinkel;
смежные углы Nebenwinkel *pl;* ~
наклона, уклон Neigungswinkel;
центральный ~ Mittelpunktwinkel,
Zentriwinkel; **противоположные углы**
Scheitelwinkel *pl;* **соответственные**
углы Stufenwinkel *pl;* **вписанный** ~
Umfangswinkel; **накрест лежащие**
углы Wechselwinkel *pl*
угол вращения Drehwinkel *m*

угольник Winkelmaß *n*
уменьшаемое Minuend *m*
уменьшать, понижать reduzieren (zu
vereinfachen)
уменьшение, сокращение
Verminderung *f,* Verringerung *f*
умножать malnehmen, multiplizieren
умножение Malnehmen *n,* Multiplikation
f, Multiplizieren *n*
упражнение Übung *f*
упрощение Vereinfachung *f*
уравнение Gleichung *f;* ~ первой
степени Gleichung erstes Grades;
система уравнений Gleichungssystem
n; **линейное** ~ lineare Gleichung;
биквадратное ~ biquadratische
Gleichung; **квадратное** ~ quadratische
Gleichung; **дробные уравнения**
Bruchgleichungen; **иррациональные**
уравнения Wurzelgleichungen

Ф

фактор, (со-)множитель Faktor *m*
формула Formel *f*
функциональный funktional

функция Funktion *f ;* **линейная** ~
lineare Funktion; **квадратичная** ~
quadratische Funktion; **рациональная**
~ rationale Funktion

Х

характеристика (логарифма)
Kennzahl *f*

хорда Sehne *f;* ~ **окружности**
Kreissehne *f;* **теорема о хордах**
Sehnensatz *m*

Ц

ценральный угол Zentriwinkel *m*

центр Zentrum *n;* ~ (окружности)
Mittelpunkt *m;* ~ вписанной окружности

Inkreismittelpunkt *m;* ~ **вращения** Drehzentrum *n;* ~**тяжести** Schwerpunkt *m*
центральная проекция, центральный zentral

цилиндр Zylinder *m;* **поверхность цилиндра** Zylindermantel *m*
циркуль Zirkel *m*

Ч

частное (при делении) Quotient *m*
частный случай Fall *m*
частота Häufigkeit *f;* **абсолютная** ~ absolute Häufigkeit; **относительная** ~ relative Häufigkeit
четверть, четвёртая часть Viertel *n;* **поворот на 90°** Vierteldrehung *f;* **четверть круга** Viertelkreis *m*
чётный gerade; **чётное число** gerade Zahl
четыре раза, четырежды viermal
четыре тысячи viertausend
четыре, четверо vier
четыренадцать vierzehn
четыреста vierhundert
четырёхгранник, тетраэдр Tetraeder *n*
четырёхгранный vierkantig
четырёхзначный vierstellig

четырёхуголный viereckig
четырёхугольник Viereck *n*
числитель Zähler *m*
число, цифра Zahl *f;* **целое** ~ ganze Zahl; **чётное** ~ gerade Zahl; **мнимое** ~ imaginäre Zahl; **натуральное** ~ natürliche Zahl; **отрицательное** ~ negative Zahl; **положительное** ~ positive Zahl; **рациональное** ~ rationale Zahl; **действительное** ~ reelle Zahl; **нечётное** ~ ungerade Zahl
числовая последовательность Zahlenfolge *f;* **числовая ось** Zahlengerade *f;* **числовой ряд** Zahlenreihe *f;* **числовой луч (числовая полупрямая)** Zahlenstrahl *m*

Ш

шар Kugel *f;* **шаровой сегмент** Kugelabschnitt *m,* Kugelsegment *m* ; **шаровой сектор** Kugelsektor *m,* Kugelausschnitt *m*
шестая часть Sechstel *n*
шестигранный sechsflächig
шестизначный sechsstellig
шестиугольник Sechseck *n*

шестиугольный sechseckig, sechswinklig
шестнадцать sechzehn
шесть тысяч sechstausend
шесть, шестёрка sechs
шестьдесят sechzig
шестьсот sechshundert
ширина Breite *f*

Э

эволюта Evolute *f*
эквивалентный, равноценный äquivalent
экстраполировать extrapolieren
экстраполяция Extrapolation *f*
экстремальное значение Extremwert *m*

экстремум Extremum *n*
эксцентриситет Exzentrizität *f*
эксцентрический exzentrisch
эллипс Ellipse *f*
эллиптический elliptisch

Я

явный explizit